Márcia Renata Mortari
Wagner Ferreira dos Santos

Nowe związki neuroaktywne wyizolowane z jadu osy społecznej

Márcia Renata Mortari
Wagner Ferreira dos Santos

Nowe związki neuroaktywne wyizolowane z jadu osy społecznej

Bioprospekcja i neurobiologia

ScienciaScripts

Imprint

Any brand names and product names mentioned in this book are subject to trademark, brand or patent protection and are trademarks or registered trademarks of their respective holders. The use of brand names, product names, common names, trade names, product descriptions etc. even without a particular marking in this work is in no way to be construed to mean that such names may be regarded as unrestricted in respect of trademark and brand protection legislation and could thus be used by anyone.

Cover image: www.ingimage.com

This book is a translation from the original published under ISBN 978-620-2-80651-0.

Publisher:
Sciencia Scripts
is a trademark of
Dodo Books Indian Ocean Ltd. and OmniScriptum S.R.L publishing group

120 High Road, East Finchley, London, N2 9ED, United Kingdom
Str. Armeneasca 28/1, office 1, Chisinau MD-2012, Republic of Moldova, Europe
Managing Directors: Ieva Konstantinova, Victoria Ursu
info@omniscriptum.com

Printed at: see last page
ISBN: 978-620-3-59519-2

Zugl. / Approved by: Praca doktorska obroniona na USP/Ribeirão Preto

DZIĘKI

> Za mojego wszechmogącego Boga, nieustanną pomoc w moim życiu.

"...Powierzcie swoją drogę Panu, zaufajcie Mu, a On dokona reszty. Rozkoszuj się w Panu, a On spełni pragnienia twego serca. On sprawi, że twoja prawość stanie się jak światło, a twoja sprawiedliwość jak słońce w południe... (Psalm 37:3-7)".

> Prof. Dr. Wagnerowi Ferreira dos Santos za otwarcie drzwi swojego laboratorium, za zaufanie i przyjaźń. Za odkrycia i potknięcia podczas tej podróży.

> Prof. Dr. Norberto Lopes za wsparcie podczas oczyszczania i identyfikacji chemicznej. W szczególności, za tak dobre przyjęcie mnie w swoim laboratorium.

> Prof. Dr. Coimbra za jego cenny wkład w pisanie i analizę statystyczną artykułów, za wypożyczenie sprzętu do testów antynocyceptywnych i za podarowanie leków.

> Prof. Dr. Coutinho za pomoc w dozowaniu aminokwasów i w badaniach absorpcji.

> Prof. dr Elizabeth za jej przyjaźń i wsparcie. Za nasze wspaniałe rozmowy na korytarzu.

> Moim synom Gustavo i Gabrielowi za to, że zawsze uczyli mnie ważnych rzeczy w życiu. Dziękuję, że oderwałeś mnie od komputera.

> Mojemu wielkiemu przyjacielowi Ale za to, że zawsze jest przy mnie. Za pomoc w kroczeniu ścieżkami nauki i życia. Za nasze rozmowy i za Wasze bezgraniczne wsparcie. Dziękuję, że stałaś się moją siostrą i powierniczką, a trudne chwile uczyniłaś wspomnieniami zwycięstw.

> Do moich przyjaciół z laboratorium: Lu, Renato, Andre, Erica, Ze, Juliana, Karina, Helene, Fabiana, Cristina, Flaviana, Alessandra. Dzięki za pomoc, śmiech, operacje, esemesy, grille i ciasta.

> Do przyjaciół z innych laboratoriów Ruither, Gobbo, Rene, Michel, Carlos, Eveline, Silvia. Wspaniale było z Tobą pracować!
> Renacie (Psicobio) za pomoc i przyjaźń.

1

> Technikowi Tomazowi za pomoc w oczyszczaniu i identyfikacji peptydów. Za to, że uczyłeś mnie z wielką cierpliwością i uczuciem.

> Technikowi Amauri za pomoc w laboratorium.

> Technikom Verinha i Silvinha za ich pomoc w dozowaniu aminokwasów.

> Ninie i Susy za ich przyjaźń i pomoc.

> Moim wspaniałym przyjaciołom z Ribeirao: Dani, Leandro, Bia, Carmen, Evaldo, Alexandrze, Aldo, za miłe spotkania, za nasze gastronomiczne spędy i za to, że są tak wyjątkowi. Byliście moją rodziną tutaj w Ribeirao.

> Cida za opiekę nad moim synem i domem.

> Moim rodzicom Didi i Nice, za wiarę i bezwarunkową miłość. Jesteście najlepszymi przykładami rodziców, ludzi, obywateli i wierzących. Bardzo dziękuję za wszystko!

> Do moich braci Paulinha, Caca, Bruninho i agregatów. Za wieczne współistnienie i za to, że moje życie jest szczęśliwsze. Za tęsknotę, telefony i e-maile, za wizyty i wakacje, które miały szczególny smak.

> Mojej drugiej rodzinie w Brasilii, Hiramowi, Lucilii, Odimowi i Magnolii, za miłość, wsparcie i zrozumienie. Szczególnie dziękuję moim teściom za to, że zapewnili mi to, co najlepsze, czyli chwile w Ribeirao.

> Mojej cioci i wujkowi z adopcji Irenie i Ezrze za ich nieustanne wsparcie i modlitwy.

> Do CNPq za wsparcie finansowe.

> Osy i myszy.

DEDYKATOR

Do Boga,

Dla moich fibhos Gustavo & Gabrieb

Dla moich rodziców Diogenesa i Eunice

i moi bracia Pauba, Qamiba i Bruno.

INDEX

PODZIĘKOWANIA DLA 1

DEDYKATOR 3

Indeks 4

Wykaz skrótów 5

Streszczenie 6

Streszczenie 8

1- WPROWADZENIE 10

2. - Cele 27

3. - Materiał i metody 29

4. - Wyniki 41

5. - DISCUSSAO 79

7. - Odniesienia bibliograficzne 89

Wykaz skrótów

ACN: acetonitryl

AG2: toksyna poliaminowa wyizolowana z małego odnóża pająka *Ageleonopsis aperta*

AMPA: kwas a-amino-3-hydroksy-5-metylo-5-izoksazolopropionianowy

AvTx7: peptyd wyizolowany z osy żółciowej *Agelaia vicina*

AvTx8: peptyd wyizolowany z osy żółciowej *Agelaia vicina*

BK: bradykinina

HPLC: wysokosprawna chromatografia cieczowa

AEDs: leki przeciwpadaczkowe

Streszczenie

Aktywność neurobiologiczna i charakterystyka chemiczna osy społecznej *Polybia occidentalis* (Hymenoptera, Vespidae): identyfikacja peptydów o działaniu antynocyceptywnym i przeciwdrgawkowym. Mortari, M.R. & Santos, W,F. Studia podyplomowe z psychobiologii, Faculdade de Filosofia, Ciencias e Letras de Ribeirao Preto, Universidade de Sao Paulo.

Części os i pająków były uważane za ważne źródła związków neuroaktywnych. Jednak wiele cząsteczek o potencjale neurofarmakologicznym pozostaje nieznanych, głównie ze względu na niewielką liczbę badań skupiających się na związkach neuroaktywnych obecnych w drobnych częściach os i pająków neotropikalnych. W ośrodkowym układzie nerwowym (OUN) cząsteczki te mogą oddziaływać na różne cele neuronalne (receptory, transportery i kanały jonowe) i zostały wykorzystane jako narzędzia do badania chorób neurologicznych, jak również do opracowania nowych leków modelowych w leczeniu padaczki i bólu przewlekłego. Celem badań była ocena aktywności neurobiologicznej surowego i zdenaturowanego żądła osy *Polybia occidentalis,* a także identyfikacja i charakterystyka związków, które wykazały działanie przeciwdrgawkowe i antynocyceptywne po wstrzyknięciu do OUN szczurów. Po pierwsze, oceniano neurotoksyczność surowej peqonha. Stwierdzono, że ta roślina marihuany wywołuje drgawki konwulsyjne i śmierć po około 45 minutach od podania. Występowanie tych napadów było związane z obecnością związków o dużej masie cząsteczkowej (enzymów lub innych białek), które traciły swoją aktywność po denaturacji lub były zatrzymywane przez ultrafiltrację. Po denaturacji mały (PoDv) wykazywał silny efekt inhibicyjny. Zaobserwowano zmniejszenie zachowań eksploracyjnych, samooczyszczania i podnoszenia się, a także zmniejszenie spontanicznej aktywności lokomotorycznej. W teście indukcji drgawek przez chemiczne środki konwulsyjne, PoDv dała wyraźny efekt przeciwdrgawkowy, wykazując duże zróżnicowanie w swojej skuteczności. PoDv była najbardziej skuteczna w zwalczaniu napadów wywołanych przez kwas kainowy, następnie bikukulinę, pikrotoksynę i PTZ (pentylenotetrazol). Po dwóch etapach oczyszczania wyizolowano pierwszy neuroaktywny peptyd, nazwany później "Occidentalin-1202" (Glu-Gln-Tyr-Met-Val-Ala-Phe-Trp-Met-NH2), który skutecznie blokował napady drgawkowe wywołane kwasem kainowym i PTZ (ED50 = 0,06 (0,02-1,16) pg/pL i 0,51 (0,3-0,75) pg/pL, odpowiednio). Oprócz działania przeciwdrgawkowego, PoDv wykazywała również silne działanie antynocyceptywne po podaniu i.c.v. (śródcewkowo) u szczurów. Efekt ten obserwowano w 20, 30 i 60 minucie po iniekcji. Po oczyszczeniu zidentyfikowano o peptyd Thr6-Bradykinina (Arg- Pro-Pro-Gly-Phe-Thr-Pro-

Phe-Arg-OH), należący do klasy neurokinin. Dane uzyskane w niniejszej pracy wykazały, że Thr6-BK posiada silne działanie antynocyceptywne, po podaniu bezpośrednio do OUN szczurów, w testach algeometrycznych *hot-plate* i *tail-flick*. Thr6-BK był około dwukrotnie silniejszy od morfiny i bradykininy, a jego efekt był odwracany przez równoczesne podanie antagonisty receptora B2. Badania związków neuroaktywnych o niskiej masie cząsteczkowej osy *P. occidentalis* wykazały obecność peptydów o potencjale do wykorzystania jako narzędzia w badaniach transmisji nerwowej oraz w bioprospekcji nowych leków do leczenia chorób neurologicznych.

Streszczenie

Neurobiological activity and chemical characterization of the venom of the social wasp Polybia occidentalis (Hymenoptera, Vespidae): identification of antinociceptive and anticonvulsant peptides. Mortari, M.R. & Santos, W.F. Program studiów podyplomowych z psychobiologii, Wydział Filozofii, Nauk i Literatury w Ribeirao Preto, Uniwersytet w Sao Paulo.

Jady os i pająków są uważane za bogate źródło związków neuroaktywnych. Jednak wiele neurotoksyn pozostaje nieznanych, głównie ze względu na dużą różnorodność gatunków jadowitych oraz brak badań skupiających się na neurotoksynach pochodzących od neotropikalnych pająków i os. W OUN cząsteczki te mogą oddziaływać na różne miejsca w neuronach (receptory, transportery i kanały jonowe) i są wykorzystywane jako narzędzia do badania zaburzeń neurologicznych, jak również do opracowywania nowych modeli leków w leczeniu padaczki i bólu przewlekłego. W świetle tych faktów, celem niniejszej pracy była ocena aktywności neurobiologicznej surowego i zdenaturowanego jadu osy *Polybia occidentalis, a także* identyfikacja i charakterystyka związków o działaniu przeciwdrgawkowym i antynocyceptywnym po wstrzyknięciu do SNC szczurów. W pierwszej części badań testowano neurotoksyczność jadu. Dane z tych eksperymentów wykazały, że wstrzyknięcie surowego jadu *P. ocidentalis* wywołało drgawki konwulsyjne, po których nastąpiła śmierć, co uważa się za związane z działaniem związków *o* dużej masie cząsteczkowej, takich jak enzymy i inne białka. Toksyny te są albo zatrzymywane w ultrafiltracji, albo tracą aktywność w wyniku denaturacji. Dlatego w kolejnym kroku jad poddano denaturacji i oznaczono aktywność ekstraktu. W tych eksperymentach zaobserwowano silny efekt hamujący po podaniu i.c.v. denaturatu (PoDv). Zachowania eksploracyjne, pielęgnacyjne i rekonwalescencyjne, jak również spontaniczna aktywność lokomotoryczna zostały znacząco zredukowane. Co ciekawe, po podaniu PoDv drogą i.c.v. zaobserwowano silny efekt przeciwdrgawkowy w ostrych, chemicznie indukowanych napadach drgawkowych. Ponadto, obserwowano skuteczność PoDv w blokowaniu różnych chemokonwulsantów. Istotnie, PoDv była bardziej skuteczna w blokowaniu napadów wywołanych przez agonistę glutaminianu, kwas kainowy, a następnie przez biklukulinę, pikrotoksynę i PTZ (trzej ostatni antagoniści GABA). Dwa etapy chromatografii prowadzą do wyizolowania Occidentalin-1202 (Glu-Gln-Tyr- Met-Val-Ala-Phe-Trp-Met-NH2). Peptyd ten nigdy nie był opisywany w jadach os, a okazał się skuteczny w blokowaniu drgawek wywołanych kwasem kainowym i PTZ (DE50 = 0,06 (0,02-1,16) pg/pL i 0,51 (0,3-0,75) pg/pL, odpowiednio). Poza działaniem przeciwdrgawkowym, denaturat jadu wywołał również wyraźny efekt antynocyceptywny po wstrzyknięciu i.c.v. W tych testach szczytowy efekt obserwowano po 20-30 min po wstrzyknięciu i po 60 min po leczeniu. Dwa etapy chromatografii doprowadziły do wyizolowania i identyfikacji jednego antynocyceptywnego peptydu, który należy do klasy neurokinin i jest opisany jako Thr6-Bradikinin (Arg-Pro-Pro-Gly-Phe-Thr-Pro-Phe-Arg-OH). Thr6-BK była następnie badana w dwóch modelach indukcji bólu termicznego (gorąca płyta i migotanie ogona), które wykazały silne działanie antynocyceptywne. Siła działania Thr6-BK została określona przy użyciu bradykininy (BK) i morfiny, i tak jest ona około 2-krotnie silniejsza niż morfina i BK, w testach *migotania ogona* i *gorącej płytki*. Podsumowując, analiza niskocząsteczkowych składników jadu osy *P. occidentalis* wykazała, że jad ten zawiera neurotoksyny, których charakterystyka może dostarczyć nowych narzędzi w badaniu przekaźnictwa nerwowego i bioprospekcji nowych leków w terapii schorzeń neurologicznych.

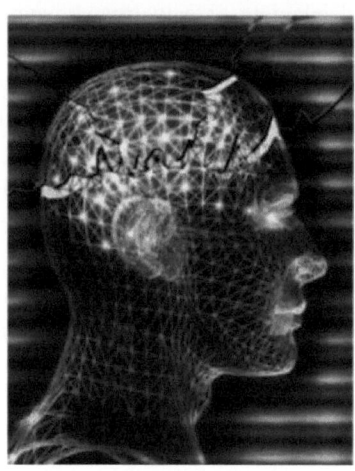

www.kotaku.com

1. WPROWADZENIE

1.1 - Trucizny dla zwierząt

Przez miliony lat, w wyniku procesu ewolucji, niektóre zwierzęta wykształciły arsenał związków bioaktywnych (jadów), które paraliżują i/lub zabijają inne organizmy, pełniąc ważną rolę w zdobywaniu pokarmu i obronie przed drapieżnikami. Obecnie jady tych zwierząt uznawane są za jedno z największych zasobów biologicznie aktywnych molekuł (Pimenta & Lima, 2005).

Aby zilustrować ten niezwykły repertuar, Theakston & Kamiguti (2002) wymienili ponad 2500 toksyn zwierzęcych i innych produktów naturalnych, które wykazują aktywność biologiczną. Liczba ta może znacznie wzrosnąć, gdyż w każdym jadzie może znajdować się od 50 do 300 aktywnych molekuł, choć większość tego arsenału pozostaje do tej pory nieznana (Olivera, 1997; Pimenta & Lima, 2005).

Brazylia jest najbogatsza wśród krajów megadiverse, z około 20% wszystkich gatunków na naszej planecie. Wśród zwierząt, szacuje się, że 80% brazylijskiej fauny należy do Phylum Arthropoda (CBD, 2006). Dane te ujawniają ogromny potencjał badań nad jadami zwierząt fauny brazylijskiej w zakresie odkrywania nowych związków bioaktywnych.

Strzępki stawonogów są bardzo heterogeniczne, tworzone przez różnorodne związki biologicznie czynne, których głównymi składnikami są: białka, peptydy, poliaminy, enzymy proteolityczne (fosfolipazy, fosfatazy kwaśne, hialuronidazy, proteazy, stereazy itp.) oraz aminy biogenne (Jackson i Usherwood, 1988; Jackson i Parks, 1990; Harsch i in., 1998). Po zaszczepieniu u ludzi, ryby bezkręgowe mogą działać wywołując ból, obrzęk i reakcje alergiczne lub coto neurotoksyny, powodując wymioty, drgawki lub depresji o Centralnego Układu Nerwowego (CNS), powodując objawy coto letargu, paraliż ogólnoustrojowy, niewydolność oddechową i zatrzymanie akcji serca (Piek i *in.*, 1993).

Od 1960 roku wyizolowano i scharakteryzowano wiele związków neuroaktywnych pochodzących od stawonogów. W OUN cząsteczki te działają na różne cele neuronalne, coto: receptory, transportery i kanały jonowe, w pobudzających i hamujących neurotransmisjach (Beleboni i *in.*, 2004a; Mellor & Usherwood, 2004). Tak więc, te cząsteczki były niezwykle przydatne w poszukiwaniu nowych leków do leczenia chorób neurologicznych, padaczki, choroby Parkinsona, choroby Alzheimera, niedokrwienia i w kontroli przewlekłego bólu (Shen *i in.*, 2000; Wang & Chin, 2004).

1.2 - Epilepsja i o rozwój leków przeciwdrgawkowych

Termin padaczka odnosi się do grupy chorób neurologicznych zróżnicowanych zarówno pod względem etiologicznym, jak i klinicznym, charakteryzujących się spontanicznymi i nawracającymi napadowymi wyładowaniami mózgowymi zwanymi napadami drgawkowymi, występującymi u około 1 do 2% populacji światowej (Blum, 1998). Ataki te mogą wywoływać różne objawy motoryczne, behawioralne lub subiektywne, mające coto wspólny czynnik, nadmierne i synchroniczne wyładowania określonej populacji neuronów. W wielu przypadkach obserwuje się stopniowy wzrost w odniesieniu do zaburzeń poznawczych, częstotliwości i ciężkości zdarzeń krytycznych, z najwyższą częstością występowania wśród dzieci i osób starszych (Guerrini, 2006). Spośród około 3,5 miliona osób, u których co roku rozwija się padaczka, 40% stanowią młodzi ludzie poniżej 15 roku życia, a ponad 80% żyje w krajach rozwijających się (Scorza i Cavalheiro, 2004; Guerrini, 2006). Dane dotyczące częstości występowania w Europie i Ameryce Północnej wahają się od 3,6 do 6,5 na 1000 ludności, podczas gdy w krajach Afryki, Ameryki Łacińskiej i Azji badania wykazują częstość od 6,6 do 17 na 1000 ludności, przy czym częstość ta jest 4 do 5 razy wyższa niż w krajach rozwiniętych (Guerrini, 2006).

Napady padaczkowe są przemijającymi zjawiskami klinicznymi, wynikającymi z nadmiernych i zsynchronizowanych wyładowań sieci neuronalnej. Napady te mogą powstawać spontanicznie lub mogą być wywołane przez sytuacje coto: gorączka, zaburzenia elektrolitowe, zatrucie i zmiany naczyniowe (Dichter, 1998).

Nowoczesna farmakoterapia padaczki rozpoczęła się wraz z odkryciem fenobarbitalu w 1912 roku. W latach 70. fenytoina, karbamazepina, etosuksymid, kwas walproinowy i różne benzodiazepiny stały się możliwe do zastosowania w leczeniu napadów padaczkowych (Kwan i *in.*, 2001). Od lat 90. ubiegłego wieku opracowano setki związków o właściwościach przeciwdrgawkowych, z których tylko kilka stało się dostępnych do użytku klinicznego.

Mimo szerokiej dostępności, konwencjonalne leki przeciwpadaczkowe (DAE) oraz leki "nowej generacji" wywołują działania niepożądane, których częstość i nasilenie może być różne. Należą do nich dyskomfort żołądkowy, sedacja, ataksja, deficyty poznawcze, toksyczność przewlekła, działanie teratogenne, zaburzenia zachowania, diplopia, hirsutyzm, reakcje idiosynkratyczne coto o *wysypce,* agranulocytoza, leukopenia, niedokrwistość aplastyczna i problemy z wątrobą (Verity *i in,* 1995; de Silva i *in.,* 1996; Painter i *in.,* 1999; Raza i in., 2001; Bergin i Connolly, 2002; LaRoche i Helmers, 2004a). Są one nieskuteczne w kontrolowaniu napadów u około 30% pacjentów opornych na leczenie, a u pacjentów ze złożonymi napadami częściowymi (częściej u dorosłych) sięgają nawet 70% (Villetti *i wsp.,* 2001; Raza i *wsp.,* 2001). W tych ostatnich przypadkach, z powodu częstych i niekontrolowanych napadów, mogą pojawić się uszkodzenia fizyczne i intelektualne.

Spektrum skuteczności klinicznej zostało określone dla wielu DAE, chociaż ich mechanizmy działania są nadal słabo poznane i słabo zbadane (Guerrini, 2006). Jeśli chodzi o sposób działania AEDs, wyróżnia się trzy mechanizmy: modulację zależnych od napięcia kanałów jonowych (sodowych, potasowych i wapniowych), zwiększenie neurotransmisji hamującej pośredniczonej przez GABA oraz tłumienie neurotransmisji pobudzającej (L-glu) (MacDonald i Kelly, 1995; Loscher, 1998; Kwan i wsp., 2001; LaRoche i Helmers, 2004b) (Rycina 1).

W OUN, zależne od napięcia kanały jonowe kontrolują przepływ jonów przez powierzchnię i wnętrze błony komórkowej (Barchi, 1998). Aktywacja zależnych od napięcia kanałów sodowych jest odpowiedzialna za depolaryzację błony i generowanie potencjału czynnościowego, a ich inaktywacja wraz z aktywacją zależnych od napięcia kanałów potasowych uczestniczy w fazie repolaryzacji błony neuronu. Zależne od napięcia kanały wapniowe są rozmieszczone w całym układzie nerwowym, w dendrytach, ciałach komórek i zakończeniach nerwowych. Są one zaangażowane w kontrolę uwalniania neuroprzekaźników w synapsie i przyczyniają się do powstawania wyładowań padaczkowych, w tym utrzymywania i propagacji napadów (Stefani *i* Mortari, M.R.). *al.*, 1997). Kanały Na+ i Ca++ stanowią ważne cele dla działania leków przeciwpadaczkowych (MacDonald i Kelly, 1995; Meldrum, 1997; Kwan i in., 2001).

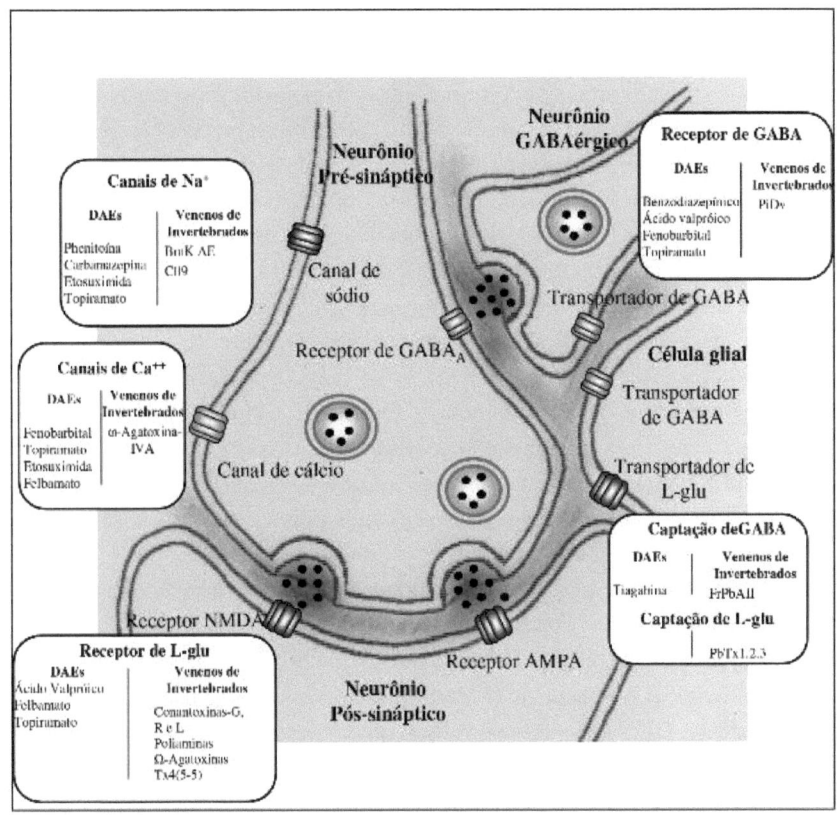

Ryc. 1: Główne mechanizmy działania leków przeciwpadaczkowych i związków neuroaktywnych wyizolowanych z jadów bezkręgowców (Mortari i *in.*, 2006).

13

Poza kanałami jonowymi DAE mogą również hamować neurotransmisję glutamatergiczną. L-glu jest głównym neurotransmiterem pobudzającym w OUN ssaków (Fonnum, 1984; Watkins, 2000). Pobudzające działanie L-glu w OUN i rdzeniu kręgowym ssaków jest mediowane przez trzy typy kationowych receptorów jonotropowych: NMDA (N-metylo-D-asparaginian) oraz tzw. nie-NMDA, AMPA (kwas a-amino-3-hydroksylo-5-metylo-izoksazol-4-propionowy) i kainianowy, a także receptory metabotropowe mGluR 1-8 (Watkins, 2000).

Hiperstymulacja jonotropowych receptorów L-glu w neuronach może powodować ich degenerację, w procesie zwanym ekscytotoksycznością (Olney *i in.*, 1991). U ludzi śmierć neuronów występuje w kilku przewlekłych i ostrych chorobach neurodegeneracyjnych, takich jak niedokrwienie, padaczka, choroba Alzheimera, choroba Parkinsona i urazy (Meldrum & Garthwhite, 1990).

Pobudzające działanie L-glu jest zakończone przez specyficzne transportery zlokalizowane w zakończeniach nerwowych i komórkach glejowych (Meldrum, 1999). Znaczenie transporterów L-glu w padaczce zostało po raz pierwszy zasugerowane przez wyst±pienie spontanicznych napadów u genetycznie modyfikowanych zwierz±t, które maj± zwiększon± ekspozycję na ten neurotransmiter w synapsach (Huguenard, 2003). Chociaż układ glutamatergiczny jest racjonalnym celem badań nad AED, opracowanie antagonistów układu glutamatergicznego o zastosowaniu terapeutycznym jest szczególnie trudne ze względu na duże spektrum wpływu na aktywność ruchową (Villetti *i in.*, 2001; Blackburn-Munro *i in.*, 2004).

Równolegle do antagonizmu receptorów L-glu, zwiększone hamowanie GABAergiczne może kontrolować nieprawidłową pobudliwość mózgu, zapobiegając uszkodzeniu tkanki neuronalnej (Calabresi *i in.*, 2003).

Jeśli chodzi o transmisję GABAergiczną, szacuje się, że 60-70% synaps hamujących w OUN jest aktywowanych przez aminokwas GABA i jest on uważany za główny przekaźnik hamujący w mózgu (Andersen *i in.*, 2001; Beleboni i *in.*, 2004b). Istnieją trzy rodzaje receptorów GABAergicznych: jonotropowe receptory GABAᴀ i GABAᴄ sprzężone z kanałami Cl- oraz o metabotropowy RECEPTOR GABAʙ, który aktywuje kanały Ca++ i K+ za pośrednictwem białek G. Po uwolnieniu i aktywacji odpowiedniego receptora, o GABA jest usuwany z kanału synaptycznego przez transportery glejowe i neuronalne (Olsen i Avoli, 1997). Potrzeba poszukiwania związków neuroaktywnych zwiększających neurotransmisję GABAergiczną powstała wraz ze zrozumieniem, że dysfunkcje w tym układzie mogą być jedną z przyczyn wielu objawów neurologicznych, takich jak ból, lęk czy padaczka (Meldrum, 1999; Andersen *i in.*, 2001).

14

Istnieje zgoda co do tego, że zwiększenie funkcji GABAergicznej poprzez stymulację uwalniania GABA i aktywację jego receptorów może być korzystne w leczeniu padaczki (Loscher, 1998; Meldrum, 1999). Jednak korzyści te są często przeważane przez niepożądane działania uboczne, takie jak uspokojenie, deficyt poznawczy, senność i interakcje lekowe (Villetti i *in.*, 2001). Według De Deyn i współpracowników (1992), jedną z głównych trudności w rozwoju i badaniach nad nowymi lekami AED jest brak modeli zwierzęcych, które w pełni odtwarzałyby kilka zespołów padaczkowych występujących u ludzi. Niektóre zwierzęce modele napadów drgawkowych mogą jednak dostarczyć wskazówek na temat skuteczności leczenia tych zespołów. Według Loshera i Schmidta (1988), modele te powinny prezentować wzorce wspólne z tymi, które występują w klinice, na przykład: rodzaje napadów, profil elektroencefalograficzny (EEG), farmakokinetyka leku, jak również stężenie leku w osoczu podczas przewlekłego leczenia, które powinny być podobne do tych wymaganych w kontroli napadów padaczkowych u ludzi.

Wśród różnych zwierzęcych modeli padaczki najbardziej znane są: test maksymalnego wstrząsu elektrycznego (MEST), *kindling, test* ostrej domózgowej lub ogólnoustrojowej indukcji chemicznej, ścieranie chemiczne oraz modele selekcji genetycznej zwierząt podatnych na napady (np. myszy DBA/2) (Loscher, 2002).

Ostra stymulacja chemiczna jest uznanym modelem napadu drgawkowego i do tej pory była szeroko stosowana. Model ten polega na aplikacji zwi±zku chemicznego, po którym następuj± objawy padaczkowe (De Deyn *et al.*, 1992). Do najczęściej stosowanych związków należą: bikulina (kompetycyjny antagonista receptorów GABAA), pikrotoksyna (niekompetycyjny antagonista receptorów GABA typu A i C, antagonista receptorów glicynowych), o pentylenotetrazol (PTZ; niekompetycyjny antagonista RECEPTORÓW GABAA), o NMDA i kwas kainowy (agoniści odpowiednio receptorów NMDA typu *L*- glu i AMPA/kainianowych) oraz pilokarpina (antagonista muskarynowych receptorów cholinergicznych) (Loscher, 1998).

Pomimo dużej liczby dostępnych w ostatnich latach leków przeciwdrgawkowych, częstość występowania opornych na leczenie padaczek zmienia się w stosunkowo niewielkim stopniu (Guerrini, 2006), a część chorych jest nieuleczalna, nawet po leczeniu operacyjnym (Loscher i Schmidt, 1988). Epilepsja może dotyczyć osób we wczesnym i produktywnym okresie życia. Może występować jako stan przewlekły, niekiedy prowadzący do poważnych problemów społecznych, ponieważ może nakładać na pacjentów realne ograniczenia w pełnieniu funkcji społecznych. Mogą być ograniczone w swojej niezależności, autonomii, wolności, obrazie siebie i pewności siebie (Scorza i

Cavalheiro, 2004).

W związku z powyższym konieczne jest opracowanie nowych leków przeciwdrgawkowych, bardziej skutecznych i mniej toksycznych, które będą mogły być stosowane jako coto leki przeciwdrgawkowe/neuroprotekcyjne lub coto narzędzia w badaniach nad padaczką. W tym kontekście związki neuroaktywne wyizolowane z bezkręgowców mogą stanowić alternatywę w poszukiwaniu nowych leków. W rzeczywistości, związki te zostały zidentyfikowane, scharakteryzowane i przetestowane w kilku eksperymentalnych modelach padaczki, wykazując interesującą aktywność przeciwdrgawkową (Stromgaard & Mellor, 2004).

1.3 - Związki przeciwdrgawkowe z trucizn

1.3.1 - Związki przeciwdrgawkowe z pająków i os
Jady bezkręgowców tworzy koktajl cząsteczek o dużej różnorodności chemicznej i działaniu farmakologicznym, głównie na układ nerwowy (Rash & Hodgson, 2002; Beleboni et al., 2004a) (Rysunek 1).

W ostatnich dwóch dekadach opisano wiele związków neuroaktywnych z jadów pająków i os, ze szczególnym uwzględnieniem cząsteczek z jadów osy samotnicy *Philanthus triangulum* oraz pająków *Nephila clavata* i *Argiope trifasciata* (Placek, 1982; Spanjer i *in.*, 1982; Kawai i *in.*, 1983). Z jadu tych stawonogów wyizolowano nową klasę związków neuroaktywnych - poliaminy (Beleboni *i in.*, 2004a, Stromgaard *i in.*, 2005).

Struktura pierwszej poliaminy została wyjaśniona 25 lat temu (Croucher *i in.*, 1982; Eldefrawi i *in.*, 1988; Usherwood i Blagbrough, 1991), a od tego czasu opisano wiele nowych struktur (McCormick i Meinwald, 1993, Mellor i Usherwood, 2004). Ogólnie rzecz biorąc, poliaminy wykazują wysoki stopień podobieństwa strukturalnego, wszystkie zawierają główny szkielet łańcucha poliaminy (Kawai *et al.*, 1983; Blagbrough et *al.*, 1994; Mellor & Usherwood, 2004; Stromgaard et al., 2005).

W OUN ssaków, poliaminy są niekompetycyjnymi blokerami otwartych kanałów kationowych, szczególnie działających na kanały związane z receptorami jonotropowymi L-glu (Karst i *in.*, 1994), w sposób zależny od napięcia i wykorzystania. Ponadto, ostatnie prace wykazują, że antagonizm o poliamin na kanały jonowe jest wytwarzany przez interakcję z pojedynczym miejscem w kanale (Mellor & Usherwood, 2004). Uderzającą cechą tych neurotoksyn jest ich zdolność do selektywnego antagonizowania przepuszczalnych dla Ca^{++} receptorów AMPA i kainianowych (Jones i Lodge, 1991; Stromgaard i Mellor, 2004).

16

Poliaminy zostały po raz pierwszy opisane u małej osy samotnicy *Philanthus triangulum* i chociaż charakterystyka funkcjonalna filantotoksyn poprzedziła charakterystykę poliamin pająków, to charakterystyka strukturalna tej klasy cząsteczek została po raz pierwszy uzyskana z małych części pająków (Mellor & Usherwood, 2004).

Historia poliamin pajęczych rozpoczyna się w latach 80-tych XX wieku, wraz z oczyszczeniem jorotoksyny (JSTX) z jadu pająka tkacza *Nephila clavata*. Później Kawai i współpracownicy (1983) opisali działanie toksyny w blokowaniu synaps glutamatergicznych w mózgu ssaków. Od tego czasu w wielu badaniach wykazano przeciwdrgawkowe działanie poliamin pajęczych podawanych w iniekcjach myszom i szczurom (tabela 1). Himi i wsp. (1990) wykazali, że JSTX, podany i.c.v. myszom (4,7 qmol/mysz), specyficznie antagonizuje napady wywołane przez AMPA, ale nie chroni przed napadami wywołanymi przez NMDA lub kainian. JSTX w skutecznych dawkach nie wywołuje również toksyczności behawioralnej. Jednak w wyższych dawkach (12 qmol/mieszankę), powoduje zwiększoną aktywność ruchową, ataksję, brak koordynacji i zachowania stereotypowe (Himi i *in.*, 1990).

Inną ważną grupę poliamin tworzą Argiotoksyny, które po raz pierwszy zostały zidentyfikowane w jadzie pająka *Argiope lobata* przez Grishina i współpracowników (1986), a następnie opisane w jadach wielu pająków należących do rodziny Araneidae (Rash & Hodgson, 2002). Według Green i współpracowników (1996), argiotoksyny wykazują silny efekt neuroprotekcyjny przeciwko uszkodzeniom ekscytotoksycznym wywołanym przez kainian. Używając komórek ziarnistych móżdżku, autorzy ci stwierdzili, że Argiotoksyna-636 hamuje śmierć komórek poprzez mechanizmy związane z trzema typami receptorów jonotropowych L-glu.

Jackson i Parks (1990) również donieśli o aktywności poliaminy zawierającej słabeiny z jadu północnoamerykańskiego pająka Agelenopsis aperta. Poliaminy te tłumią drgawki (435 qmol/mysz, i.v. lub i.c.v.) wywołane przez podanie kwasu kainowego (i.v.), pikrotoksyny (i.v. lub i.c.v.) lub biklukuliny (i.v.).

Trwają prace nad syntezą analogów poliamin. Pojawiły się nowe metodologie, dostarczające racjonalnych strategii do opracowania ogromnej liczby analogów, które mogą być stosowane w różnych modelach zwierzęcych. W tym kontekście podjęto szeroko zakrojone badania mające na celu określenie zależności struktura-aktywność oraz mechanizmu działania tych analogów (McCormick & Meinwald, 1993; Stromgaard et al., 2001; Stromgaard & Mellor, 2004).

Jako przykład, Kanai i współpracownicy (1992) opracowali syntetyczny analog JSTX, o 1-N-acetylo-sperminy (1-Na-spm). Podobnie do działania naturalnej neurotoksyny, analog o wybiórczo blokuje wyładowania padaczkowe wywołane przez AMPA u szczurów poddanych ostrym modelom padaczki (20 pg/mysz). Co więcej, o 1-Na-spm działa również silnie przeciwdrgawkowo w modelu elektrycznego otarcia migdałka (40 pg/mysz) (Takazawa *et al.*, 1996). Ten ostatni efekt obserwowano nawet dzień po podaniu analogu, stopniowo zanikając w ciągu czterech dni (Takazawa i *in.*, 1996).

Kompetycyjni i niekompetycyjni antagoniści receptora AMPA, tacy jak poliaminy, mają szerokie spektrum działania przeciwdrgawkowego w różnych zwierzęcych modelach padaczki (Kanai i *in.*, 1992; Yamashita i *in.*, 2004a). Ponadto istnieją dowody, że antagoniści ci mogą nasilać działanie antagonistów receptora NMDA i DAEs

(Stromgaard i Mellor, 2004; Stromgaard, 2005). Dowody te sugerują stosowanie antagonistów receptorów AMPA como koadjutantów w politerapii. Jednak ich skuteczność i bezpieczeństwo dla ludzi nadal wymagają ustalenia (Stromgaard i *in.*, 2005).

Inną ważną kwestią jest to, że środki zwiększające desensytyzację lub specyficzni antagoniści niektórych podjednostek receptora AMPA mogą mieć przewagę nad innymi antagonistami receptorów AMPA, ponieważ preferencyjnie blokują sygnalizację synaptyczną o wysokiej częstotliwości i zapobiegają wyczerpaniu receptorów AMPA w interneuronach GABAergicznych. Jest to szczególnie interesujące, ponieważ dowody sugerują, że receptory AMPA o zwiększonej przepuszczalności Ca^{++} (te pozbawione podjednostki GluR2) mogą odgrywać ważną rolę w epileptogenezie i w procesach prowadzących do uszkodzenia mózgu po długotrwałych napadach (Stefani i *in.*, 1997). Dlatego zaproponowano, że leki selektywne wobec Ca^{++}-przepuszczalnych receptorów AMPA mogą mieć właściwości przeciwpadaczkowe i neuroprotekcyjne (Rogowski & Donevan, 1999).

Niektóre analogi poliamin wyizolowane z jadu pająka znajdują się w różnych fazach badań klinicznych i klinicznych. Na przykład, związek o nazwie NPS 1506 (NPS Pharmaceuticals), niekompetycyjny antagonista receptora NMDA, wykazał silne działanie neuroprotekcyjne przeciwko niedokrwieniu mózgu i urazom u szczurów (Mueller i *in.*, 2000). Ponadto, dożylne iniekcje NPS 1506 były dobrze tolerowane i powodowały uzyskanie w osoczu stężenia znacznie przekraczającego stężenia wymagane do neuroprotekcji u gryzoni (Mueller i *in.*, 2000).

Poza poliaminami, badania nad pajęczyną doprowadziły również do zidentyfikowania kilku rodzin neuroaktywnych peptydów. Ważna rodzina tych peptydów została wyizolowana z pająków z rodzaju *Agelenopsis* i nazwana и-

Agatoksynami. Związki te są heterogennymi polipeptydami, bogatymi w cysteiny i mostki disulfidowe, o masach cząsteczkowych od 5 do 10 Kda, które zostały podzielone na podklasy w zależności od ich homologii, selektywności i mechanizmów działania (Uchitel, 1997). Agatoksyna IVA jest szczególnie przydatna w wyjaśnianiu udziału kilku typów kanałów Ca++ w uwalnianiu neuroprzekaźników. Peptyd ten jest silnym blokerem kanałów Ca++ typu P/Q w układzie nerwowym ssaków, bez wpływu na kanały typu T, L lub N (Mintiz i *in.*, 1992; Rash i Hodgson, 2002). Jackson & Scheideler (1996) badali działanie и-Agatoksyny IVA u myszy DBA/2 i wykazali działanie przeciwdrgawkowe w stosunku do intensywnej stymulacji dźwiękowej (0,09 pg/mysz) i napadów tonicznych (0,08 pg/mysz).

Niedawno z pająka *Phoneutria nigriventer* wyizolowano nową rodzinę neuroaktywnych peptydów (Mafra i *in.*, 1999; Oliveira i *in.*, 2003). Peptyd Tx4(5-5) hamuje aktywację receptorów jonotropowych typu NMDA, przy niewielkim lub żadnym wpływie na receptory typu AMPA i kainianowe oraz na kanały Cl-związane z GABA (Figueiredo i *in.*, 2001).

Badania przeciwdrgawkowe przeprowadzono również z małymi pająkami *Scaptocosa raptoria* i *Paravixia bistriata* (rys. 2). W pracach tych wstrzyknięcia i.c.v. zdenaturowanych jadów (0,8 mg/mL S. *raptoria* i 17,5 pg/mL *P. bistriata)* blokowały u szczurów napady toniczno-kloniczne wywołane środkami konwulsyjnymi: pikrotoksyną, biklukuliną i pentylenotetrazolem. Co więcej, eksperymenty *in vitro* wykazały, że oba jady hamują wychwyt GABA w synaptosomach kory mózgowej szczura (Cairrao i *in.*, 2002).

Wyodrębnienie składników jadu pająka *P. bistriata* wykazało obecność dwóch związków neuroaktywnych PbTxl.2.3 i FrPbAII (Fontana i *in.*, 2003; Beleboni i *in.*, 2006). Struktura chemiczna PbTxl.2.3. jest nadal badana, ale wykazano, że ta neurotoksyna zwiększa wychwyt L-glu i wykazuje działanie neuroprotekcyjne przeciwko niedokrwiennemu uszkodzeniu siatkówki u szczurów (Fontana i *in.*, 2003).

W 2006 roku Beleboni i współpracownicy wyjaśnili strukturę chemiczną i wzór molekularny FrPbAII (CeHi5N4O2+). Toksyna ta jest wysoce hydrofilna i hamuje wychwyt GABA i glicyny w synaptosomach korowo-mózgowych szczura bez zmiany uwalniania, dynamiki *wiązania* receptorów czy enzymów synaptycznych (Beleboni i *in.*, 2006).

Oba związki, PbTxl.2.3 i FrPbAII, prezentują duży potencjał farmakologiczny, ze względu na ich działanie na transportery, które mogą stanowić alternatywne cele dla leków przeciwdrgawkowych, z mniej toksycznymi efektami ubocznymi (Andersen *i in.*, 2001).

A   B

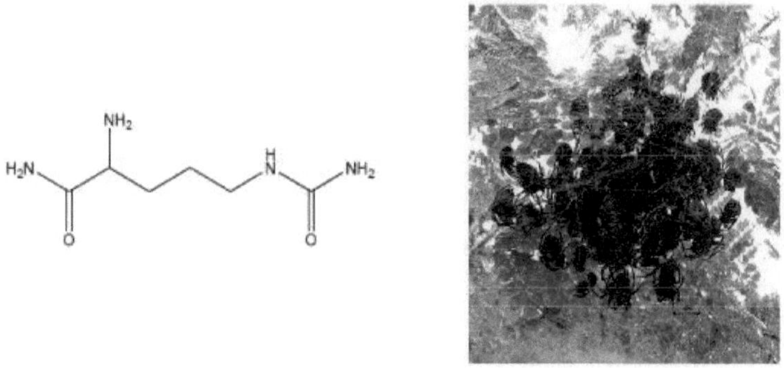

Rysunek 2: W A, struktura chemiczna FrPbAII wyizolowanego z pająka *Parawixia bistriata* (B). Struktura chemiczna uzyskana od Beleboni *et al.* (2006).

Niewiele badań koncentruje się na jadzie os społecznych jako źródle modulatorów przekaźnictwa hamującego i pobudzającego. W najnowszej pracy Cunha i wsp. (2005) opisali wpływ zdenaturowanego jadu osy społecznej *Polybia ignobilis* (PiDv) na OUN szczurów. PiDv (i.c.v.) blokował drgawki wywołane u szczurów przez kwas kainowy, bikulinę i pikrotoksynę, ale był nieskuteczny w blokowaniu drgawek wywołanych systemowym wstrzyknięciem PTZ. Autorzy ci wykazali również, że PiDv hamuje wiązanie GABA i L-glu w eksperymentach z błonami kory mózgowej szczura.

Nadal w odniesieniu do os społecznych, Pizzo i wsp. (2000) badali działanie zdenaturowanego jadu osy społecznej *Agelaia vicina* (rodzina Vespidae) na układ nerwowy gryzoni i stwierdzili, że jad powoduje zmniejszenie wychwytu GABA i L-glu w synaptosomach kory mózgu szczura, w obu przypadkach w sposób niekompetycyjny. Dalsze badania pozwoliły zidentyfikować dwa neuroaktywne peptydy. Jeden z nich, peptyd AvTx8 (40 pmol/mysz), działa na obwody neuronów GABA w *substantia nigra,* modulując reakcje strachu wywołane przez blokadę GABAergiczną górnego mostka kolczystego (Oliveira i *in.,* 2005). Drugi peptyd, AvTx7, zmniejsza wychwyt L-glu w sposób niekompetycyjny. Ponadto zwiększa uwalnianie tego neuroprzekaźnika, przy czym efekt ten jest niezmienny w obecności blokerów kanałów sodowych i potasowych, a potęgowany przez blokery kanałów K+, co wskazuje, że toksyna może działać poprzez kanały K+ (Pizzo i *in.,* 2004).

Krótkie zestawienie z opisem i mechanizmami działania związków neuroaktywnych z pająków i os o aktywności przeciwpadaczkowej przedstawiono w tabeli 1.

Mortari, M.R.

Tabela 1: Descrição e alvos moleculares de compostos isolados do veneno de aranha e vespas com atividade em modelos agudo ou crônico de epilepsia (para revisão ver Mortari et al., 2006).

Invertebrado	Neurotoxina	↓ Canais de Na⁺	↓ Canais de Ca⁺⁺	Transmissão inibitória ↑	Transmissão excitatória ↓
Aranha					
Ageleonopsis aperta	AG2	-	-	-	↘?
	ω-Agatoxina-IVA	-	↘?	-	-
Argiope lobata	Argiotoxina-636	-	-	-	↘?
Nephila clavata	Jorotoxina-3	-	-	-	↘?
Parawixia bistriata	FrPbAII	-	-	↗?	-
	PbTx1.2.3	-	-	-	↘?
Scaptocosa raptoria	SrTx1.3	-	-	-	↘?
Vespa					
Philanthus triangulum	Philantotoxina-343	-	-	-	↘?
	Philantotoxina-433	-	-	-	↘?
Polybia ignobilis	PiDv	-	-	↗?	↘?

1.4 - Nociception

Według Międzynarodowego Stowarzyszenia Badania Bólu (IASP, 1994), ból jest definiowany jako nieprzyjemne uczucie lub doświadczenie emocjonalne związane z rzeczywistym lub potencjalnym uszkodzeniem tkanek. Ostry ból pełni ważną rolę fizjologiczną, prezentując się jako sygnał ostrzegawczy przed rzeczywistym lub potencjalnym uszkodzeniem, wyzwalając odpowiednie reakcje ochronne (Julius & Basbaum, 2001). W przeciwieństwie do tego, ból przewlekły utrzymuje się nawet po wyleczeniu urazu, który go spowodował, i jest zwykle związany ze stanami сото infekcji wirusowych, urazów, zapalenia stawów, opryszczki, cukrzycy neuropatycznej, raka, między innymi (Stucky et al., 2001). W tym sensie, ból przewlekły jest, ogólnie rzecz biorąc, uważany za patologiczny, związany z niepełnosprawnością oraz fizycznym, ekonomicznym i emocjonalnym stresem (Ashburn & Staats, 1999).

Około jedna trzecia światowej populacji cierpi z powodu uporczywego lub nawracającego bólu, który jest powszechną dolegliwością u pacjentów z różnymi chorobami (Ashburn & Staats, 1999). W tych przypadkach leczenie stanowi wyzwanie dla naukowców i pracowników służby zdrowia, którzy nieustannie poszukują nowych strategii terapeutycznych, ponieważ większość z nich jest niewystarczająca lub powoduje poważne skutki uboczne (Stucky i in., 2001).

W zwalczaniu bólu przewlekłego powszechnie stosuje się ogólnoustrojowe leki przeciwbólowe oraz terapię zachowawczą. Jednak w wielu przypadkach, zwłaszcza u pacjentów z bólem neuropatycznym, konieczne jest zastosowanie bardziej agresywnych metod leczenia. W tym ostatnim przypadku 30 do 50% pacjentów wykazuje znaczącą poprawę kliniczną (Sindrup & Jensen, 1999; Villetti et al., 2003).

Kilka neuroprzekaźników i/lub neuromodulatorów jest zaangażowanych w różne etapy procesu transmisji nocycepcji (Millan, 1999; 2002). Dochodzi do niego, gdy do nocyceptorów zlokalizowanych w skórze, mięśniach lub narządach trzewnych dotrą bodźce mechaniczne, termiczne, chemiczne lub elektryczne. Stymulacja ta generuje zależne od sodu potencjały czynnościowe, które rozchodzą się od końca pierwotnego nerwu dośrodkowego do grzbietowej części rdzenia kręgowego przez wiązki mielinizowane i amyelinizowane (odpowiednio A5 i C) (przegląd zob. Millan, 1999).

Pojawienie się potencjału czynnościowego na zakończeniach neuronów aferentnych w rdzeniu kręgowym prowadzi do aktywacji zależnych od napięcia kanałów wapniowych i napływu Ca++, a w efekcie do uwolnienia neuroprzekaźników i neuromodulatorów, substancji P, peptydu związanego z kalcytoniną (CGRP) oraz i-glu (Levine i in., 1993; Dickenson, 1997; Bennett,

2000). Substancje te wiążą się ze specyficznymi receptorami postsynaptycznymi i pobudzają lub uwrażliwiają wtórne neurony czuciowe zlokalizowane w rdzeniu kręgowym. W końcu, te podzbiory neuronów rzutują aksony do ośrodków w mózgu, włączając w to twór siatkowaty, wzgórze i w końcu korę mózgową, przekazując wiadomość o bólu (przegląd patrz Julius & Basbaum, 2001; McGivern, 2006).

Jeśli chodzi o modulację bodźców nocyceptywnych, drogi zstępujące, które mają swój początek w pniu mózgu i innych strukturach mózgowych, odgrywają bardzo ważną rolę w modulacji i integracji komunikatów nocyceptywnych aż do grzbietowej części rdzenia kręgowego (Ryc. 3). Szlaki serotoninergiczne, noradrenergiczne i, w mniejszym stopniu, dopaminergiczne stanowią główne elementy tego zstępującego mechanizmu (Millan, 2002; Fields i Basbaum, 1999). W szczególności wiadomo, że stymulacja elektryczna szarej substancji okołopierścieniowej (PCS) i jądra wielkiego rafy (NMR) powoduje tłumienie bólu, a region ten nazywany jest centralnym układem przeciwbólowym (ACS) (Basbaum & Fields, 1984). SAC jest połączony z tworem siatkowatym i układem limbicznym, odbierając kolaterale z drogi paleospinothalamic i wysyłając eferentne impulsy serotoninergiczne, które aktywują hamujące neurony enkefalinergiczne w galaretowatej substancji rdzenia kręgowego. Ten system analgetyczny może być aktywowany przez bolesną stymulację, wpływać na przetwarzanie sygnału bólowego do układu limbicznego i regulować transmisję do rdzenia kręgowego (Mitchell i in., 2000; Millan, 2002).

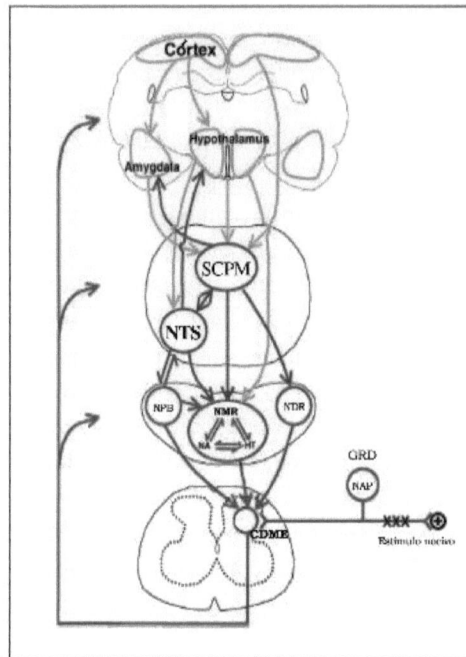

Figura 3: Esquema ilustrativo das inter-relações entre estruturas cerebrais envolvidas na iniciação e na modulação do controle descendente da informação nociceptiva.

Abreviações: SCPM, Substância Cinzenta Periaquedutal Mesencefálica; NTS, núcleo do trato solitário; NPB, núcleo parabraquial; NDR, núcleo dorsoreticular; NMR, núcleo magno da Rafe; NA, noradrenalina; 5-HT, serotonina; CDME, corno dorsal da medula espinhal; NAP, nervo aferente primário e GRD, gânglio da raiz dorsal.

Modificado de Millan (2002).

Ze względu na liczne zmiany neurofizjologiczne, które zachodzą podczas przekazywania informacji nocyceptywnych, opracowano wiele strategii mających na celu wywołanie analgezji/antynokcepcji, np: (1) antagoniści: dla kanałów Ca++ (Prado, 2001), kanałów sodowych zależnych od napięcia (Suzuki i Dickenson, 2000), receptorów NMDA (Suzuki i in, 2001), oraz (2) agonistów: GABA-ergicznych (Malcangio & Bowery, 1996), cholinergicznych, adrenergicznych (Decker & Meyer, 1999) oraz agonistów receptorów opioidowych (Pleuvry & Lauretti, 1996).

Ze względu na ograniczenia dostępnych terapii oraz wysoką specyficzność i selektywność związków neuroaktywnych pochodzących od zwierząt, zaczęto je oceniać w modelach antynocycepcji. Odkrycie specyficznych dla danego podtypu neuroaktywnych związków jadowych, które wiążą się z receptorami lub kanałami jonowymi, dostarczyło wielu celów dla interwencji farmakologicznej o wysokich wskaźnikach terapeutycznych (Rajendra i *in.,* 2004).

1.5- Związki antynocyceptywne z jadów

1.5.1 - Związki antynocyceptywne pochodzące od stawonogów
Roerig i Bowse (1996) donieśli o antynocyceptywnym działaniu и-

24

Agatoksyny IVA (и-Aga-IVA) wyizolowanej z jadu pająka Agelenopsis aperta (Rycina 4), przeciwko stymulacji termicznej w *teście* ogona uściskowego, gdy była podawana doogonowo z morfiną i klonidyną. Zastosowanie tego peptydu jako środka przeciwbólowego mogłoby przynieść korzyści szczególnie u pacjentów tolerujących lub uzależnionych od opioidów, ponieważ, jak już wcześniej opisano, związek ten wykazuje selektywność dla kanałów jonów Ca++ typu P/Q (Rajendra *i in,* 2004).

W kilku badaniach opisano, że śródszpikowe podawanie nieselektywnych blokerów kanału wapniowego ma działanie antynocyceptywne u zwierząt poddawanych testom z bodźcami termicznymi: *gorącej* płyty i *migotania ogona* (Reddy i Yaksh, 1980). Według Malmberg i Yaksh (1994), kanały Ca++ typu N i P są zaangażowane w zachowania nocyceptywne indukowane wstrzyknięciem formaliny u szczurów, podczas gdy leki działające na kanały typu L nie wywierają żadnego efektu. Blokery kanałów wapniowych typu P mogą więc odgrywać dominującą rolę w kontroli pobudzenia neuronów rdzeniowych z aferentów czuciowych tkanek objętych stanem zapalnym, łagodząc ból związany z procesami zapalnymi (Nebe *i in.,* 1997).

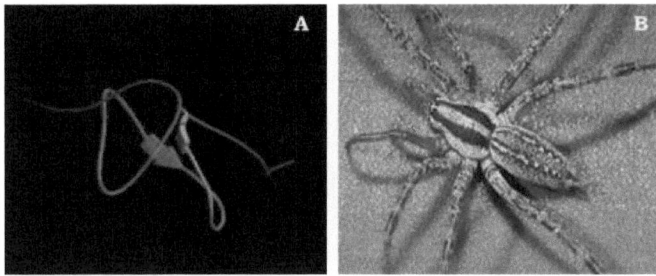

Ryc. 4. Trójwymiarowa struktura *agatoksyny* (A), wyizolowanej z jadu pająka *Agelenopsis aperta* (B). Struktura została uzyskana z bazy danych PDB 10AV (Kim *i in.,* 1995), (http://www.rcsb.org/pdb/; Berman *i in.,* 2002). Zdjęcie autorstwa Jima Berriana (http://www.sdnhm.org).

Oprócz peptydów, w niektórych badaniach oceniano aktywność poliamin Jorotoxin i Philanthotoxin oraz rolę funkcjonalną przepuszczalnych dla Ca++ receptorów AMPA/Cainate w nocyceptywnym przetwarzaniu bólu (Kawai *i in.,* 1991). W związku z tym śródszpikowe podanie różnych dawek tych toksyn blokowało termicznie indukowaną allodynię (Sorkin *i in.,* 1999) i hiperalgezję (Stanfa i *in.,* 2000). Efekt działania tych neurotoksyn może sugerować możliwy udział receptorów AMPA zlokalizowanych na interneuronach GABAergicznych oraz receptorów kainianopodobnych, przepuszczalnych dla Ca++ w pobudzeniu rdzeniowym podczas procesu nocycepcji. Z kolei odpowiedzi wywołane przez receptory NMDA okazały się nieistotne (Jones i Lodge, 1991; Sorkin i in., 2001). Ostatnio z pająka *Psalmopoeus cambridgei* wyizolowano nową klasę peptydów (*Psalmotoxin* 1; PcTxl). W zasadzie PcTxl blokuje wrażliwe na kwas kanały jonowe (ASIC) lub kanały kationowe aktywowane przez H+ (Escoubas *i in.*, 2000). Kanały te odgrywają ważną rolę w stanach patologicznych, niedokrwieniu mózgu i/lub padaczce, a także są odpowiedzialne za odczuwanie bólu towarzyszącego kwasicy tkanek i stanom zapalnym (McCleskey & Gold, 1999). Ponieważ zewnętrzne zakwaszenie jest jednym z głównych czynników bólu związanego ze stanem zapalnym (hematoza, niedokrwienie serca lub mięśni, nowotwory), związki te mogą być wykorzystane w kontroli recepcji bólu wyzwalanego przez te kanały (Waldmann *i in.*, 1999).

1.6-A Osa *Polybia occidentalis*

Polybia occidentalis jest bardzo agresywną osą eusocjalną, endemiczną dla regionów neotropikalnych (Resende i *in.*, 2001). Jak większość os społecznych, osa ta wykorzystuje swój mały rozmiar do obrony i ochrony gniazda. Pożywienie os jest zróżnicowane, od komarów po dorosłe kolibry. *Polybia occidentalis* żywi się głównie owadami (hemiptera, diptera, hymenoptera i lepidoptera), w stadium larwalnym i dorosłym, a także pająkami i innymi stawonogami (Gobbi i *in.*, 1984). Ofiary są zabierane do gniazda, gdzie są następnie wykorzystywane do karmienia młodych i dorosłych osobników w gnieździe lub przechowywane.

Pomimo dużego znaczenia biochemicznego i farmakologicznego, jakie mają badania nad jadami os, do chwili obecnej niewiele jest badań prowadzonych w celu oczyszczenia i weryfikacji działania związków neuroaktywnych obecnych w jadzie osy społecznej.

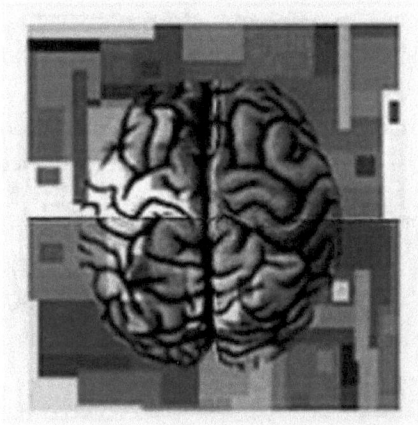

2. - CELE

2.1 - Cele ogólne

Biorącpod uwagę ograniczenia w leczeniu padaczki i kontroli bólu oraz duży potencjał małych stawonogów w poszukiwaniu nowych leków modelowych, celem pracy była ocena aktywności neurobiologicznej surowego i zdenaturowanego kału osy *Polybia occidentalis,* jak również identyfikacja i charakterystyka wyizolowanych związków, które wykazywały działanie przeciwdrgawkowe i antynocyceptywne po wstrzyknięciu do OUN szczurów.

2.2 - Cele szczegółowe

J Ocena neurotoksyczności surowego pequenu (PoPb) w OUN szczurów drogą i.c.v. (DLso) trasa.

Scharakteryzowanie zmian behawioralnych po iniekcjach do komory bocznej surowej i skażonej marihuany u szczurów.

Sprawdzenie działania przeciwdrgawkowego zdenaturowanego pequenonu (PoDv) drogą dożylną u szczurów poddanych testowi ostrej indukcji kryzysów drgawkowych z użyciem chemicznych środków drgawkowych: pikrotoksyny, biklukuliny, kwasu kainowego i pentylenotetetrazolu.

Ocena zmian w koordynacji ruchowej u szczurów po uprzednim

27

leczeniu PoDv, przy użyciu testu wydajności na rotarodzie.

Weryfikacja antynocyceptywnego działania PoDv u szczurów poddanych testowi algezji poprzez stymulację termiczną *[hot-plate]*.

Oczyszczanie frakcji neuroaktywnych obecnych w roślinie *P. occidentalis* za pomocą wysokosprawnej chromatografii cieczowej (HPLC).

J Identyfikacja masy cząsteczkowej i struktury związków neuroaktywnych przy użyciu spektrometrii mas (ESI-MS/MS).

Ocena działania antynocyceptywnego wyizolowanych związków neuroaktywnych u szczurów poddanych dwóm modelom testów algeometrycznych: *tail-flick* i *hot-plate* oraz weryfikacja możliwego sposobu działania związków.

S Ocena działania przeciwdrgawkowego wyizolowanych frakcji (PoTx) i peptydów o wysokiej czystości w teście indukcji ostrych napadów drgawkowych u szczurów przy użyciu środków drgawkowych: kwasu kainowego i PTZ.

www.insects.org

3. - MATERIAŁ I METODY

3.1 - Zbieranie os i pobieranie gruczołów i zbiorników żądła

Okazy osy *Polybia occidentalis* (Ryc. 5) zostały zebrane w regionie Ribeirao Preto, SP, Brazylia. Osy były następnie uśmiercane przez zamrożenie, gruczoły i zbiorniki były ekstrahowane i przechowywane w zamrażarce w temperaturze -84 °C (10 000 gruczołów).

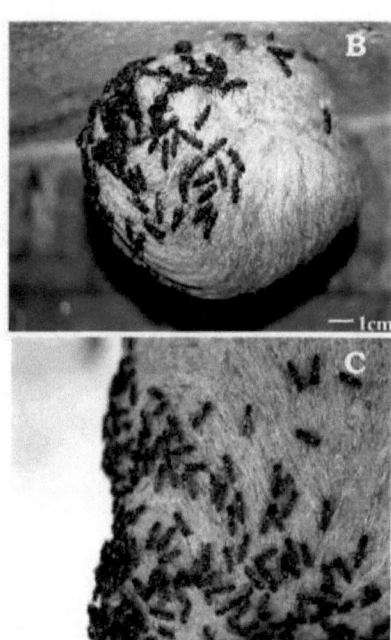

Rysunek 5: A: Zbiór gniazda w Ribeirao Preto - SP. B i C: Gniazdo i okazy *Polybia occidentalis* (Hymenoptera, Vespidae).

3.2 - Przygotowanie roztworów skrobi surowej i denaturowanej

Gruczoły i zbiorniki marihuany homogenizowano w wodzie dejonizowanej i odwirowywano przy 10 000 xg przez 3 minuty w temperaturze 4°C. Supernatant liofilizowano i ważono. Następnie, wzrastające stężenia surowej marihuany (PoPb; 15, 20, 30, 40 i 60 pg/pL liofilizowanej surowej marihuany) zostały ponownie zawieszone w roztworze soli fizjologicznej (0.15M), a następnie wstrzyknięte (i.c.v.) 5 zwierzętom z każdej grupy rozcieńczeniowej.

W celu oddzielenia białek o dużej masie cząsteczkowej do surowej skrobi dodawano 100 pL roztworu acetonitryl/woda (1:1 v/v). Mieszaninę tę gotowano przez 8 min w celu denaturacji i odparowania acetonitrylu, odwirowano przy 10 000 xg przez 3 min w temp. 4°C i przefiltrowano (Millipore 0,45 pm). Ten zdenaturowany produkt został zliofilizowany, zważony i ponownie zawieszony w rosnących stężeniach (PoDv; 40, 80 i 100 pg/pL zdenaturowanego szpiku) w roztworze soli (0.15 M).

3.3 - Dozowanie aminokwasów w skrobi

Zawartość aminokwasów w marihuanie była szacowana poprzez wstępną

30

derywatyzację przy użyciu ortoftaldehydu (OPA), opisaną przez Lindroth & Mopper (1979), z pewnymi modyfikacjami. Pochodne aminokwasów wykrywano metodą HPLC (system Shimadzu), przy użyciu dwóch pomp wysokociśnieniowych (LC-7A), systemu kontrolnego (SCL-6B), automatycznego iniektora (SIL-6B), detektora fluorymetrycznego LDC oraz rejestratora Beckman-427. Warunki doświadczenia były następujące: Kolumna: C18 (100 x 4 mm) Hibar- Supersphere (5 pm) i układ rozpuszczalników: A: 0,025 M fosforan sodu, pH 7,2, zawierający 20 mL metanolu, 20 mL acetonitrylu (ACN) i 20 mL tetrahydrofuranu na litr, B: 65% metanolu; gradient: 7 do 100% B przez 30 min; szybkość przepływu: 0,7 mL/min.

Jako standard wewnętrzny zastosowano roztwór podstawowy aminokwasów (Pierce) o stężeniu 2,5 pM/mL oraz ortofosfoserynę i GABA. Do wzorca wewnętrznego oraz do próbek dodano 6,25 mmoli/mL karboksymetylocysteiny (CMCys).

Etap 3.3 został przeprowadzony w laboratorium prof. dr Joaquima Coutinho-Netto, Faculdade de Medicina de Ribeirao Preto- USP.

3.4- Próby biologiczne

Manipulacja zwierzętami doświadczalnymi odbywała się zgodnie z Zasadami Etycznymi Doświadczeń na Zwierzętach - Colegio Brasileiro de Experimentacao Animal (COBEA, 1991), *Zasadami Przewodnimi Badań z udziałem Zwierząt i Ludzi* - American Physiological Society (APS, 2000) oraz *Wytycznymi Etycznymi dla Badań Doświadczalnych Bólu u Świadomych Zwierząt* (Zimmermann, 1983).

3.4.1 -Zwierzęta

Samce szczurów Wistar (200 do 230 g) zostały zakupione w Central Animal Facility Uniwersytetu w São Paulo, Campus de Ribeirao Preto. Zwierzęta doświadczalne umieszczono po dwa w każdej klatce i trzymano w wiwarium Wydziału Biologii w cyklu światło/ciemność 12/12 h, w kontrolowanej temperaturze (25 °C) i wilgotności (55 %). Woda i pokarm były oferowane *ad libitum* przez cały okres eksperymentalny.

3.4.2 - Chirurgia

Zwierzęta znieczulono tiopentalem sodu (40 mg/kg i.p.) i unieruchomiono w aparacie stereotaksyjnym (Stoelting-Standard). Wykonano miejscową iniekcję lidokainy (2%), natychmiast odsłaniając czaszkę zwierzęcia w celu implantacji kaniuli prowadzącej w komorze bocznej (LV): AP - 0,9 mm, ML -1,6 mm, DV - 3,4 mm, mając coro base the bregma line, zgodnie z Atlasem Paxinosa i Watsona

(1986).

Kaniula wszczepiona do komory bocznej składa się z odcinka igły podskórnej BD-25X7 (22 G) o długości 10 mm i średnicy zewnętrznej 0,7 mm, umocowanej akrylanem dentystycznym. Po polimeryzacji cementu kaniule uszczelniono drutem ze stali nierdzewnej, aby uniknąć ich niedrożności.

Po zabiegu zwierzęta trzymano w indywidualnych boksach, w warunkach kontrolowanej wilgotności i temperatury, w cyklu światło/ciemność 12 h, z wodą i pożywieniem *ad libitum*. Po 5-7 dniach szczury poddawano protokołowi doświadczalnemu.

3.4.3 - Narkotyki

W fazie eksperymentalnej stosowano następujące leki: pikrotoksyna (Research Biochemical Incorporates), PTZ (Sigma, USA), kwas kainowy (Sigma, USA), biklukulina (Sigma, USA), bradykinina (Sigma, USA), antagonista B2 D-Arg0 (Sigma, USA) i morfina (Sigma, USA).

3.4.4 - Wpływ surowego (PoPb) i denaturowanego (PoDv) pegonha

Po okresie rekonwalescencji, zwierzęta umieszczano w centrum akrylowej areny podzielonej na kwadranty (o średnicy 60 cm i wysokości 12 cm) na 10 min w celu habituacji. Następnie wstrzykiwano rozcieńczenia PoPb i PoDv oraz nośnik w rozcieńczeniu сото о (grupa kontrolna) (3 pl przez 2 min przez 10-pl strzykawkę Hamiltona). Po iniekcjach zwierzęta były filmowane przez 20 min i pozostawały pod obserwacją przez 3 h. Użyto roztworów: 150 mM soli fizjologicznej dla grupy kontrolnej, PoPb (15, 20, 30, 40 i 60 pg/pL) oraz PoDv (40, 80 i 100 pg/pL).

3.4.5 - Analiza behawioralna

Ambulację zwierząt mierzono poprzez określenie ilości czworonogów wchodzących na arenę w oknach czasowych. Dodatkowo oceniano ilość czasu poświęconego na wykonywanie zachowań opisanych w tabeli 2 (Speller & Westby, 1996).

Tabela 2: Słownik behawioralny (zmodyfikowany z Speller & Westby, 1996).

Grupy	Zachowania
Eksploracyjny	Wąchaj, chodź, skanuj.
Samoczyszczenie	Oczyścić pysk, pazury, przednie i tylne łapy, genitalia, ogon, głowę, grzbiet i brzuch.
Locomoqao	Przesiedlenia na arenie.
Elewacja	Stań na tylnych nogach wsparty lub nie na ścianach areny.
Obrona	Nieruchliwość i wybuchowe przebiegi
Nieaktywność	Zatrzymano

3.4.6 - Badanie wydajności na rotodzie

Zmiany w koordynacji ruchowej szczurów po leczeniu wstępnym PoDv oceniano w teście sprawnościowym na rotarodzie (Ugo Basile, Włochy), który składa się z pręta (5 cm) obracającego się z prędkością 4 obr/min. Zgodnie z protokołem eksperymentalnym, dzień przed wykonaniem testu, szczury były trenowane i utrzymywane w równowadze na aparacie testowym. O trening składał się z 3 kolejnych prób po 1 min każda przy 4 rpm. Rano w dniu badania, szczury były ponownie badane na rotarodzie i tylko zwierzęta, które pozostawały w równowadze były poddawane działaniu substancji i oceniane. PoDv 40, 80 i 100 pg/pL (n=8) podawano drogą i.c.v. w objętości 3 pL/min na 10 min przed badaniem. Wszystkie kontrole otrzymały taką samą objętość soli fizjologicznej. Jako parametry coto do analizy wykorzystano opóźnienia (maksymalnie 1 min) upadku rotaroda.

3.4.7 - Ostra chemiczna indukcja napadu drgawkowego

Do ostrej chemicznej indukcji napadów drgawkowych stosowano następujące środki konwulsyjne: kwas kainowy, metionina dwuukulliny, PTZ i pikrotoksyna. Dawka każdego środka konwulsyjnego używana do testu z małym zwierzęciem wynosiła DC97, tj. dawka, która wywoływała 97% napadów u zwierząt kontrolnych (sól fizjologiczna i środek konwulsyjny) (De De Deyn *et al.*, 1992). Do oceny napadów ruchowych zastosowano wskaźnik Racine'a (1971), zmodyfikowany przez Pinela i Rovnera (1978) (tab. 3). Przed iniekcjami myszy były aklimatyzowane przez 10 min. w arenie doświadczalnej. Grupom myszy (n=8) podawano PoDv (40, 80 i 100 pg/pL), frakcje wyizolowane metodą CLAE (PoTx: 0,1, 1 i 3 pg/pL) lub roztwór soli fizjologicznej. Po 10 min podawano środki konwulsyjne: pikrotoksynę 30 pg/pL, biklukulinę 1 pg/pL lub kwas kainowy 0,8 pg/pL - i.c.v. pikrotoksynę 30 pg/pL, biklukulinę 1 pg/pL lub kwas kainowy 0,8 pg/pL. Wszystkie powyższe zabiegi były podawane i.c.v.

Analizowano również aktywność przeciwdrgawkową PoDv i frakcji otrzymanych metodą CLAE wobec drgawek indukowanych systematycznym podawaniem PTZ (100 mg/Kg; s.c.). W tym przypadku grupy szczurów otrzymywały 0,015 mM soli fizjologicznej, PoDv (40, 80 i 100 pg/pL) lub frakcje (0,1, 1 i 3 pg/pL), wszystkie wstrzykiwane i.c.v., 10 min przed podaniem środka drgawkowego.

Po podaniu zastrzyków zwierzęta umieszczano na arenie i filmowano przez 20 min. Po zakończeniu okresu filmowania zwierzęta były obserwowane przez trzy godziny.

Tabela 3. Classificação de crises convulsivas, segundo o índice de Racine (1971), modificado por Pinel & Rovner (1978).

Classe	Comportamentos
1	movimentos orofaciais
2	mioclonia de cabeça
3	mioclonia das patas anteriores
4	elevação
5	elevação e queda
6	movimentos das orelhas e mioclonia de cabeça, movimentos clônicos das patas anteriores e eventos de elevação e queda em seqüência
7	vocalizações, rolamentos e pulos violentos repetidos
8	todos os comportamentos da classe 7 além de período de hipertonia.

3.4.8   - Badania antynocyceptywne

34

W teście *tail-flick, ogon* każdego zwierzęcia umieszczano na żarniku nichromowym, który jest ogrzewany po przepuszczeniu prądu elektrycznego. Prąd podnosi temperaturę żarnika z szybkością 9 $^{oC/s}$, a aparat został skalibrowany tak, aby uzyskać trzy kolejne latencje migotania ogona w zakresie 2,5-3,5 s. Ponadto, urządzenie wyłącza się automatycznie po 6 sekundach, aby zapobiec uszkodzeniu skóry ogona zwierzęcia.

W teście *gorącej płyty,* zwierzęta umieszczano w akrylowej kadzi na aluminiowej gorącej płycie o temperaturze 55,5 ± 0,5 OC. Parametrami obserwacji były: opóźnienie ucieczki z aparatu (skok) lub lizanie tylnych nóg. Jeśli zwierzę nie reagowało na stymulację termiczną, było usuwane z *gorącej płyty* po 30 s, aby zapobiec uszkodzeniu tkanek.

Trzy latencje ucieczki w testach *ogonowego migotania* i *gorącej płytki* stanowiły linię podstawową, która była określana w 5-minutowych odstępach przed sesją testową. W obu testach rejestrowano opóźnienie ucieczki po zabiegach w następujących odstępach czasowych: 5, 10, 20, 30, 45, 60, 90 i 120 min. Niezależnym grupom zwierząt (n=8, na grupę) podawano sól fizjologiczną, PoDv (40, 80 i 100 pg/pL), bradykininę (BK, 8 i 4 nmol), morfinę (5 i 12 nmol) lub słabeiny os wyizolowane metodą HPLC (4, 2 i 1 nmol), wszystkie wstrzykiwane i.c.v.

Oprócz opisanych powyżej zabiegów, grupom zwierząt podawano równoczesne iniekcje antagonisty B2 D-Arg0 (8 nmol) i BK (8 nmol) lub masy osy wyizolowanej z CLAE (4 nmol).

Z uwagi na brak istotnych różnic pomiędzy liniami podstawowymi pomiędzy grupami doświadczalnymi (test t-Studenta *p<0,05, we wszystkich* przypadkach), wszystkie latencje odpowiedzi motorycznych (LA- latencje antynocycepcji) znormalizowano za pomocą wskaźnika antynocycepcji (AI) według wzoru:

(LA badania)-(średnie opóźnienie linii podstawowej)
AI=1-. ....
Czas oczekiwania - (średnie opóźnienie linii podstawowej)

Wyniki wyrażono jako średnie ± E.P.M. wartości AI oraz obszar pod krzywą (AUC - jednostka obliczeniowa).

3.4.8 Analiza histologiczna

Prawidłowe położenie kaniul weryfikowano histologicznie po 48 godzinach od rozpoczęcia eksperymentów. Szczury głęboko znieczulano pentobarbitalem (tiopental, 45 mg/Kg; i.p.), wstrzykiwano i.e.v. 3 pL błękitu toluidynowego w celu dokładnego oznaczenia miejsca iniekcji i perfundowano wewnątrzsercowo roztworem soli fizjologicznej (0,9%) zastąpionym 4% roztworem formaliny. Mózgi zostały usunięte i przechowywane w formalinie (4%) do późniejszego cięcia (60 pm).

3.4.9 - *Wychwyt [^{14}C]-choliny w synaptosomach korowo-mózgowych*

Kory mózgowe szczurów Wistar (200-250 g) były używane do przygotowania synaptosomów coto opisanych przez Gray & Whittaker (1962). Synaptosomy zawieszano w fizjologicznym roztworze fosforanu Krebsa (NaCl 124; KCl 5; KH2PO4 1,2; CaCl2 0,75; MgSO4 1,2; Na2HPO4 20; glukoza, 10 mM, pH 7,4) i wirowano przez 20 min w 4 °C. Zawartość białka w synaptosomach oznaczano zgodnie z metodą Lowry'ego i wsp. (1951), zmodyfikowaną przez Hartree (1972).

Oznaczenia wychwytu [^{14}C]-choliny przeprowadzono według Briggs & Cooper (1981) z pewnymi modyfikacjami. Synaptosomy były ponownie zawieszone w fizjologicznym roztworze fosforanu Krebsa zawierającym siarczan eseryny (10 µM; Sigma) i prë-inkubowane przez 5 min w 37 °C w nieobecności lub obecności sześciu koncentratów BK lub Thr6-BK (od 0,039 do 40,0 µM). Testy wychwytu inicjowano przez dodanie [^{14}C]-choliny (1 pM, stężenie końcowe; Amersham Biosciences, 58 mCi/mmol) do zawiesiny synaptosomów (100 pg białka/mL) i inkubowano przez 4 min w 37 °C. Objętość końcowa każdej probówki wynosiła 500 pL. Wszystkie reakcje zostały zatrzymane przez odwirowanie (13,800 xg, 3 min w 4 °C). Supernatanty odrzucano, a osady przemywano dwukrotnie lodowato zimną wodą destylowaną, homogenizowano w 10% kwasie trichlorooctowym (TCA) i odwirowywano (13,800 xg, 3 min w 4 °C). Podwielokrotności supernatantów przenoszono na scyntylator zawierający 5 mL biodegradowalnego koktajlu ScintiVerse (Fisher Scientific), a ich radioaktywność oznaczano ilościowo w ciekłym scyntylatorze (Beckman, LS-6800). Wyniki wyrażono jako średni % kontroli ± SEM. Nieswoisty wychwyt określano z próbek inkubowanych w obecności hemikoliny-3 (500 pM, Sigma).

Krok 3.4.10 został wykonany we współpracy z laboratorium Prof. Dr. Joaquim Coutinho-Netto przez Dr. Ruither de Oliveira Gomes Caroline (Wydział Medycyny Ribeirao Preto-USP).

3.4.10 - Analiza statystyczna

Obliczono O czas wykonania (sekundy) każdego z zachowań opisanych w tabeli 2 oraz o liczbę kwadrantów przebytych na arenie i porównano je między badanymi grupami. Do porównań między zachowaniami zastosowano test o ANOVA dla rozkładów normalnych, przy poziomie istotności 0,05, a następnie test Tukeya. Liczba kwadrantów przebytych podczas 20 minut filmowania została poddana analizie MANOVA z powtarzanymi miarami. W przypadku istotnej interakcji pomiędzy leczeniem a czasem, obliczono jednokierunkowe ANOVA, a następnie test Tukeya dla każdego przedziału czasowego.

Wartości LD50 i DE50 oraz ich granice ufności zostały obliczone za pomocą analizy probitowej (Finney, 1971).

Do eksperymentów indukcji napadów użyto parametrów obecności napadów klasy 8 wg tabeli 3 oraz opóźnienia do o wystąpienia napadów. Do porównania częstości występowania napadów użyto dokładnego testu Fischera (p < 0,05). W analizie latencji do wystąpienia napadów wyniki poddano jednoczynnikowej ANOVA, a następnie testowi Tukeya.

W próbach antynocycepcji wszystkie wyniki o rozkładzie normalnym poddano analizie MANOVA metodą powtarzanych miar. W przypadku istotnej interakcji pomiędzy leczeniem a czasem, obliczono jednokierunkowe ANOVA, a następnie test Tukeya dla każdego przedziału czasowego. Obszary pod krzywą analizowano przy użyciu jednokierunkowej ANOVA, przy p<0,05, a następnie testu post hoc Tukey coto. W badaniach mających na celu sprawdzenie efektu antynocyceptywnego, wartości DE50 zostały zdefiniowane jako dawka, która spowodowała 50% wzrost w stosunku do maksymalnego efektu (wskaźnik antynocycepcji równy 1). Wartości DE50 i ich granice ufności zostały obliczone za pomocą analizy probitowej (Finney, 1971). Ponadto dla wszystkich preparatów sporządzono krzywe dawka-odpowiedź oraz ich regresje sigmoidalne, które przeanalizowano testem ANOVA, uznając za istotne wartości przy $p<0,05$ (wersja 4.0, GraphPad Software, San Diego, CA, U.S.A.).

3.5 - Izolacja składników o niskiej masie cząsteczkowej z pe^onha

3.5.1 - Pierwsze wyjście z izolacji

W pierwszej fazie rozdziału składników, surowy proszek rozpuszczono w wodzie dejonizowanej i 10% acetonitrylu i poddano ultrafiltracji przy użyciu filtra Microcon (Millipore). Przefiltrowany materiał, w którym znajdowały się tylko związki o masach cząsteczkowych mniejszych niż 3000 Da, zliofilizowano i zważono.

Przefiltrowany ekstrakt zawieszono ponownie w roztworze woda/acetonitryl (ACN) 2%, zawierającym 0,07% kwasu trifluorooctowego (TFA). Izolację składników tego roztworu przeprowadzono za pomocą wysokosprawnej chromatografii cieczowej (HPLC). Przeprowadzono je w systemie Delta Prep firmy Waters, składającym się z automatycznego sterownika gradientu (model 4000), detektora UV-Vis (model 486), ręcznego iniektora i rejestratora Servogor (model 120). Użyto kolumny z fazą odwróconą Jupiter (C18 ODS, 15 pm, 20 x 250 mm Phenomenex, Torrence, CA, USA), eluującej ACN i TFA za pomocą izokratycznego gradientu 2% ACN/woda + 0,07% TFA (20 min), a następnie 2 do 60% ACN/woda + 0,07% TFA przez 40 min i 60% ACN/woda + 0,07% TFA przez 20 min przy przepływie 5 mL/min. Wypłukane frakcje monitorowano przy długości fali 214 nm, zebrano i przechowywano w lodzie, a następnie zliofilizowano i zważono. Frakcje te zostały nazwane toksynami *Polybia occidentalis* (PoTx) od 1 do 12.

3.5.2 - *Druga, faza izolacji*

Aktywne frakcje w testach indukcji kryzysu były chromatografowane przy użyciu kolumny z fazą odwróconą (C18 ODS, Shimadzu 5 gm, 4,6 x 250 mm), eluowanej acetonitrylem i kwasem trifluorooctowym (TFA) za pomocą gradientu liniowego od 10 do 60% ACN/woda + 0,07% TFA w ciągu 40 min przy prędkości przepływu 1,5 mL/min. Wypłukane frakcje monitorowano przy długości fali 214 nm, zebrano i przechowywano w lodzie, a następnie zliofilizowano i zważono.

Frakcje aktywne w testach nocyceptywnej stymulacji termicznej chromatografowano przy użyciu kolumny z fazą odwróconą (C18 ODS, 5 gm, 4.6 x 150 mm, Phenomenex, Torrence, CA, USA) kolumna Jupitera, eluująca ACN i TFA za pomocą izokratycznego gradientu 2% ACN/woda + 0,07% TFA (10 min), a następnie od 2 do 60% ACN/woda + 0,07% TFA przez 30 min i 60% ACN/woda + 0,07% TFA przez 10 min, przy prędkości przepływu 1 mL/min. Wypłukane frakcje monitorowano przy długości fali 214 nm, zebrano i przechowywano w lodzie, a następnie zliofilizowano i zważono.

3.5.3 - *Spektrometria masowa*

Czystość i masy cząsteczkowe frakcji określono metodą dodatniej jonizacji elektrospray (ESI+) po rozpuszczeniu w wodzie/acetonitrylu 1:1 i zakwaszeniu kwasem mrówkowym 0,1% (v/v). Widmo masowe uzyskano za pomocą wysokorozdzielczego spektrometru mas (UltrOTOF - Bruker Daltonics, Billerica, USA). Frakcje wstrzykiwano za pomocą mikrostrzykawki podłączonej do pompy infuzyjnej z przepływem 10 pL/min. Skanowanie mas odbywało się w zakresie m/z 50-2000.

3.6 - Sekwencjonowanie peptydów metodą MS/MS

W celu uzyskania sekwencji aminokwasowej peptydów wyizolowanych z puli peptydowej wykonano widma MS/MS na spektrometrze mas z potrójnym kwadrupolem (Quatro LC, Micromass, UK) oraz na spektrometrze mas o wysokiej rozdzielczości (UltrOTOF - Bruker Daltonics, Billerica, USA). Warunki doświadczalne zastosowane w pierwszym aparacie to: akwizycja w trybie ciągłym, *fuUscan* m/z 50-2000 i czas skanowania 5 s, napięcie stożka 30 V, napięcie kapilary 3 KV oraz temperatura desolwatacji 80oC. Fragmentację przeprowadzono przy użyciu Argonu i energii zderzenia 10-50 eV. Dla spektrometru o wysokiej rozdzielczości zastosowano energię kolizji w zakresie 15-45, akwizycję w trybie ciągłym, *fullscan* m/z 50-1300 i czas skanowania 2 s, zewnętrzną kalibrację skali mas uzyskano stosując mrówczan amonu.

Sekwencję aminokwasową uzyskano ręcznie, wykorzystując produkty jonowe opisane w widmach masowych każdego peptydu oraz przy pomocy oprogramowania AminoCalc (Protana, A/S). Rozróżnienie pomiędzy izobarycznymi resztami Lizyny i Glutaminy zostało dokonane poprzez porównanie analizy peptydów acetylowanych i nieacetylowanych (Hisada *i in.,* 2000). W tym przypadku 10 pl naturalnego peptydu dodawano do 10 pl bezwodnika octowego, następnie roztwór mieszano za pomocą worteksu i inkubowano przez 45 min w temp. 37 °C, mieszając. Po inkubacji, roztwór był liofilizowany i ponownie zawieszany do analizy metodą spektrometrii mas wysokiej rozdzielczości (ESI-MS).

Etapy 3.5 i 3.6 pracy zostały wykonane w laboratorium prof. dr Norberto P. Lopes, z Faculdade de Ciências Farmaceuticas de Ribeirao Preto-USP.

Zbiorczy schemat metodyki zastosowanej w niniejszym opracowaniu przedstawiono na rysunku 6.

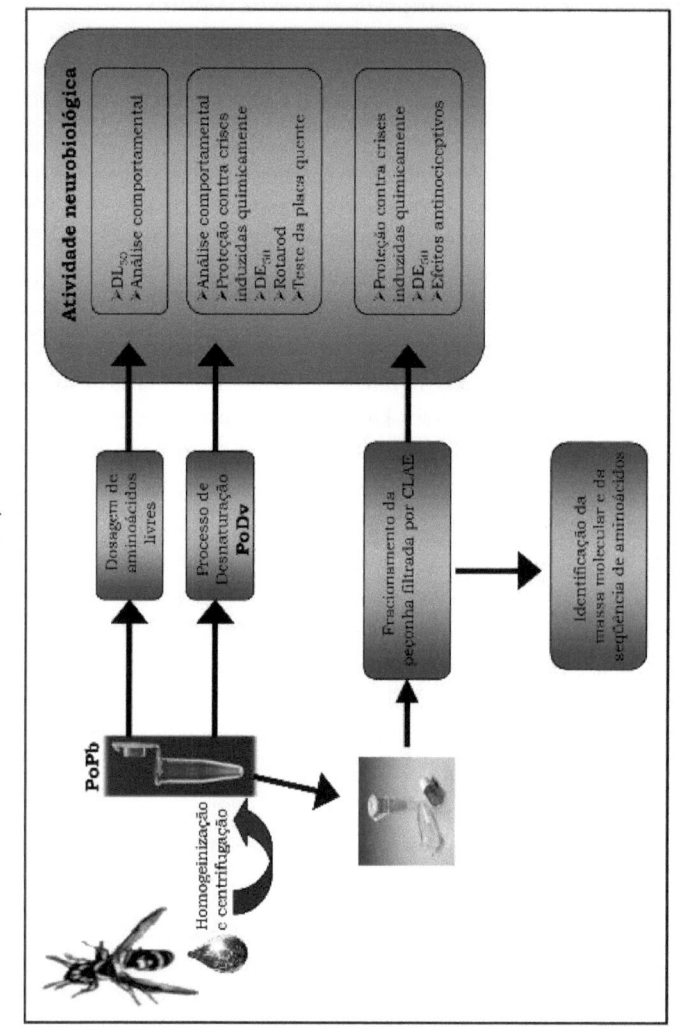

Figura 6: Esquema resumido da metodologia utilizada durante a execução deste estudo.

Mortari, M.R.

Rysunek 6: Schemat zbiorczy metodyki zastosowanej podczas realizacji niniejszego opracowania.

40

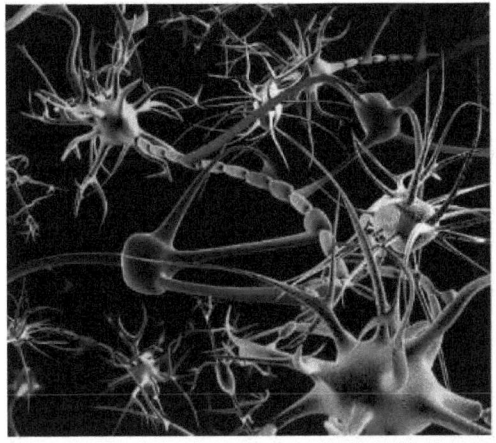

4. - WYNIKI

4.1 - Położenie kaniuli prowadzącej

Dokładne położenie kaniuli prowadzącej oraz miejsce iniekcji weryfikowano u wszystkich zwierząt doświadczalnych, a analizie poddano jedynie wyniki uzyskane od zwierząt, u których kaniule znajdowały się w prawidłowym miejscu (komora boczna). Niebieskie oznaczenia na rycinie 7 wskazują komory boczne według atlasu Paxinosa i Watsona (1986).

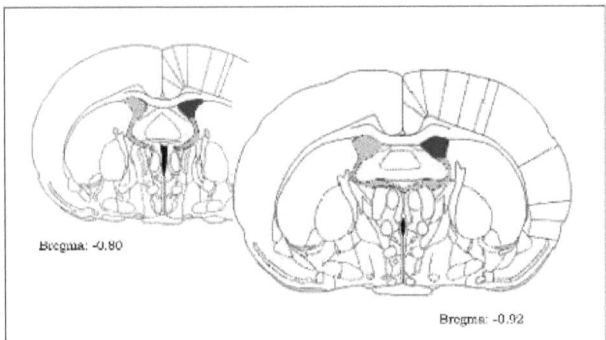

Bregma: -0.80

Bregma: -0.92

Ryc. 7: Lokalizacja miejsca mikroiniekcji w ośrodkowym układzie nerwowym szczurów. Jasnoniebieskie oznaczenie wskazuje komory boczne, a ciemnoniebieskie miejsce wstrzyknięcia (prawa VL), schematy uzyskane z Atlasu

41

Paxinos & Watson (1986).
- Neurotoksyczność i efekty behawioralne surowej pe^onha wstrzykiwanej i.c.v. u szczurów

Ocena neurotoksyczności surowej marihuany wykazała, że 100% zwierząt miało drgawki, po których nastąpiła śmierć, po podaniu najwyższej dawki PoPb (60 pg/pL, n=8). Dawka ta jest równoważna około sześciu gruczołom osy społecznej *Polybia occidentalis* (rysunek 8). Najniższa badana dawka, która spowodowała śmierć, wynosiła 20 pg/pL (36 %). Roztwór o stężeniu 15 pg/ml nie był śmiertelny, ale powodował drgawki klasy 1 i 2 45 min po wstrzyknięciu. Wartość LD50 (95 % przedział ufności) obliczona na podstawie analizy Probit wynosiła 30 (24-42) pg/ml liofilizowanej surowej wołowiny, co odpowiada 3,6 gruczołom/mysz.

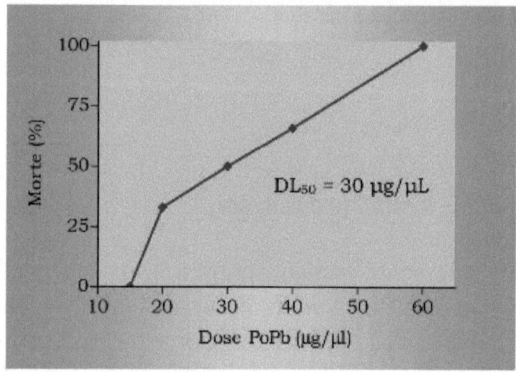

Ryc. 8: Procent zgonów po wstrzyknięciu i.c.v. surowca z osy *Polybia occidentalis*.

W zakresie analizy behawioralnej zaobserwowano istotne różnice w zachowaniu eksploracyjnym [F(3,18) = 4,069; p<0,03] i nieaktywnym [F(3,18) = 3,473; p<0,04]. U zwierząt, którym podano najwyższą dawkę PoPb (60 pg/pL) zaobserwowano spadek zachowania eksploracyjnego i równolegle wzrost nieaktywności. W klasach zachowań elewacyjnych i samooczyszczających nie zaobserwowano istotnych różnic w okresie strzelania (odpowiednio F(3,18) = 2,60; p=0,09; F(3,18) = 0,27; p=0,85) (ryc. 9).

W analizie liczby przebytych kwadrantów (ANOVA) nie zaobserwowano istotnych różnic pomiędzy efektami działania leków oraz w interakcji czas-terapia w okresach 5, 10, 15 i 20 min strzelania [odpowiednio F(3,19) = 0,27; p=0,844 i F(9,47) = 1,04; p=0,42]. Zaobserwowano natomiast istotne różnice dotyczące efektu czasowego [F(3,17) = 3,75; p=0,03], to znaczy, że nastąpił spadek aktywności lokomotorycznej w czasie we wszystkich zabiegach oraz w grupie kontrolnej (ryc. 10).

Po 45 min od podania PoPb u szczurów otrzymujących najwyższe dawki obserwowano kolejno: senność, nadmierne ślinienie się, brak koordynacji, drżenie, drgawki bezdechowe i śmierć 2 h po iniekcji. W dawkach, które nie powodowały śmierci, szczury wracały do zdrowia w ciągu 3 h. Po 24 godzinach zwierzęta odżywiały się i czuły się dobrze.

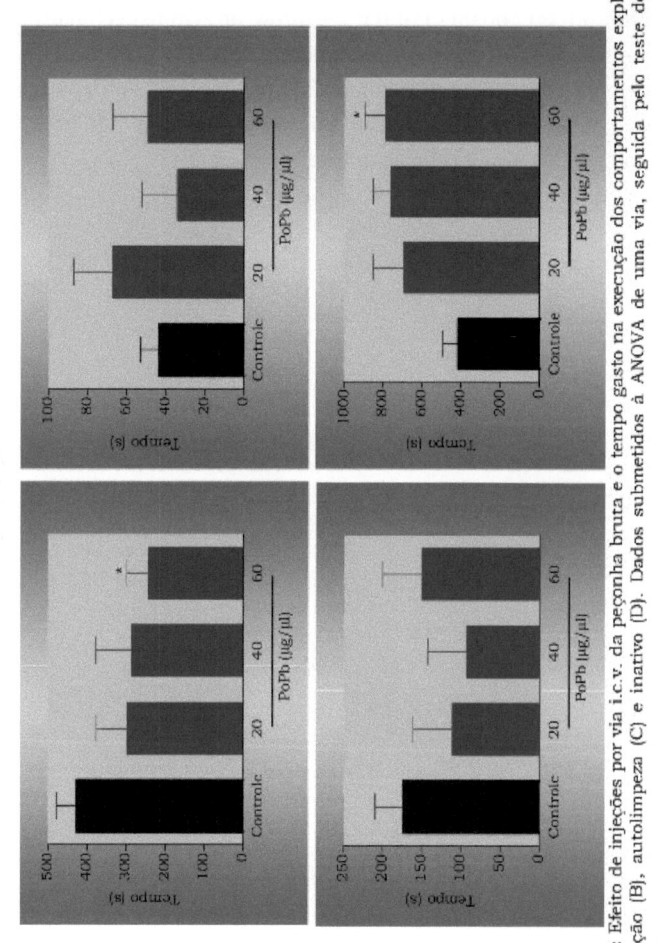

Figura 9: Efeito de injeções por via i.c.v. da peçonha bruta e o tempo gasto na execução dos comportamentos exploratório (A), elevação (B), autolimpeza (C) e inativo (D). Dados submetidos à ANOVA de uma via, seguida pelo teste de Tukey (*p<0.05).

Ryc. 9: Wpływ wstrzyknięć i.c.v. surowej marihuany i o czasu spędzonego na wykonywaniu zachowań eksploracyjnych (A), uniesienia (B), samooczyszczania (C) i nieaktywnych (D). Dane poddano jednoczynnikowej metodzie ANOVA, a następnie testowi Tukeya (*p<0,05).

44

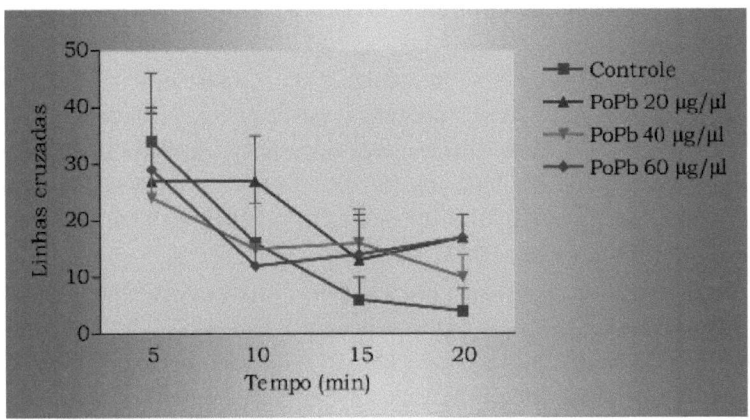

Ryc. 10: Efekt wstrzyknięcia i.c.v. PoPb u myszy i o liczba przemierzonych kwadrantów przy 5, 10, 15 i 20 min okresach strzelania. Dane poddano analizie MANOVA metodą powtarzanych pomiarów.

4.2 - Dozowanie aminokwasów w skrobi

Obliczone wartości dla GABA, L-glu i glicyny w małej próbce są przedstawione w tabeli 4. Wartości aminokwasów uzyskano przez porównanie z o profilem wzorcowym, który zawierał znane ilości aminokwasów kontrolnych.

Tabela 4: Oznaczanie wolnych aminokwasów w zdenaturowanym proszku *Polybia occidentalis* metodą HPLC i wstępnej derywatyzacji za pomocą OPA.

Glutaminian]	GABA]	Glycine]
0,008 nmol/pg	0,027 nmol/pg	0,028 nmol/pg
0,15 nmol/glandula	0,52 nmol/glandula	0,53 nmol/glandula

4.4 - Analiza behawioralna szczurów, którym wstrzyknięto i.c.v. PoDv

Wpływ odstawienia denaturatu na spontaniczną aktywność lokomotoryczną szczurów Wistar podsumowano na rycinie 11. Jednoczynnikowa ANOVA wykazała istotne różnice we wszystkich analizowanych klasach zachowań: zachowania eksploracyjne [$F(3,20) = 21,47$; $p<0,0001$], bezczynność [$F(3,20) = 34,64$; $p<0,0001$], uniesienie [$F(3,20) = 9,69$; $p<0,005$] i samooczyszczanie [$F(3,20) = 9,73$; $p<0,005$],

Jeśli chodzi o zachowania eksploracyjne, samooczyszczanie i unoszenie się, zaobserwowano, że szczury, którym podano PoDv, wykazywały spadek tych zachowań w stosunku do szczurów, którym podawano sól fizjologiczną. Nie zaobserwowano jednak istotnych różnic między dawkami PoDv (Figura 11 A, C i D). Dodatkowo u szczurów, które otrzymały trzy dawki PoDv, zaobserwowano wydłużenie okresu bezczynności w porównaniu ze szczurami leczonymi solą fizjologiczną (Rysunek 11B).

Wszystkie wstępne traktowania trzema dawkami PoDv indukowały znaczący i zależny od dawki spadek aktywności lokomotorycznej szczurów. Istotne różnice zaobserwowano w wynikach wpływu czasu [$F(3,19) = 4,81$; $p=0,012$], interakcji czas-terapia [$F(9,53) = 3,08$; $p=0,005$] oraz leczenia [$F(3,21) = 13,38$; $p<0,001$). Ponadto zaobserwowano zmniejszenie liczby kwadrantów przemierzanych przez szczury w 0-5 i 5-10 minucie dla dawek PoDv (ryc. 12).

Mortari, M.R.

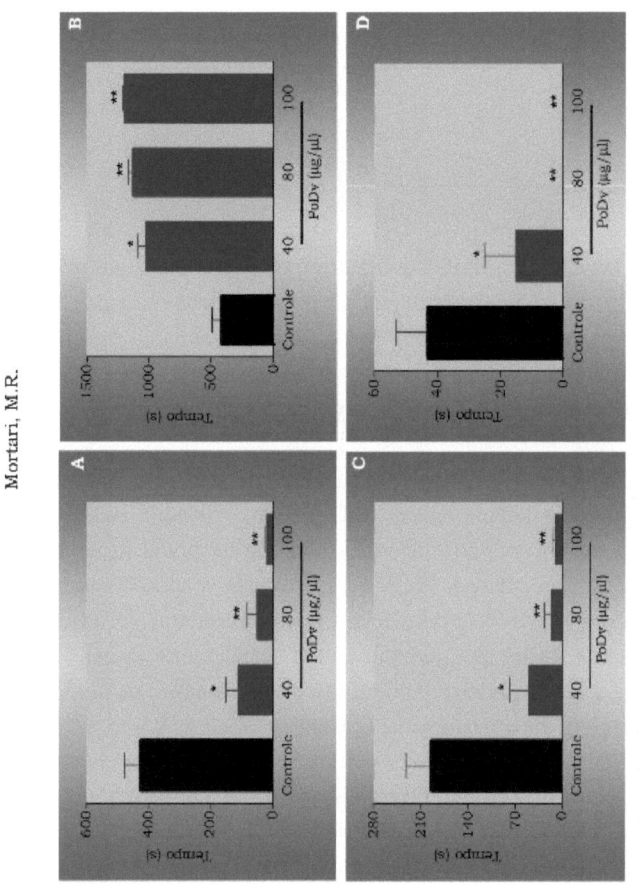

Figura 11: Efeito de injeções por via i.c.v. da peçonha desnaturada em ratos e o tempo gasto na execução dos comportamentos exploratório (A), inatividade (B), autolimpeza (C) e elevação (D). ANOVA de uma via, seguida do teste de Tukey. Todos os dados são expressos em média ± E.P.M. *p<0.05 e **p<0.001.

Ryc. 11: Wpływ wstrzyknięcia i.c.v. denaturatu marihuany u szczurów i o czasie spędzonym na wykonywaniu zachowań eksploracyjnych (A), bezczynności (B), samooczyszczania (C) i unoszenia się (D). Jednoczynnikowa ANOVA, a następnie test Tukeya. Wszystkie dane wyrażone są jako średnie ± SEM. *p<0,05 i **p<0,001.

47

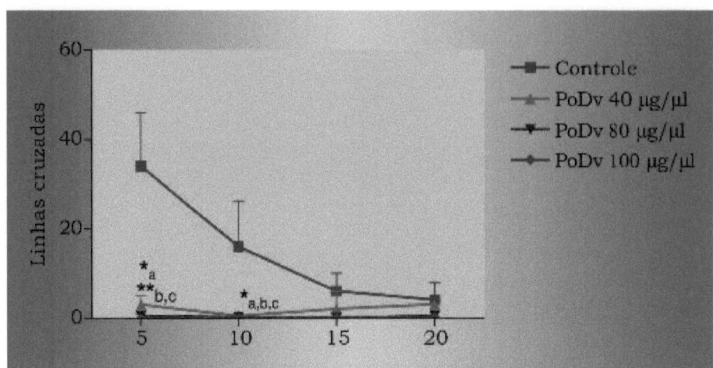

Ryc. 12: Efekt i.c.v. iniekcji PoDv u szczurów i o liczba kwadrantów przebytych w okresach 5, 10, 15 i 20 min strzelania. Dane analizowano metodą MANOVA, a następnie testem Tukeya, *p<0,05, **p<0,001 w porównaniu z grupą kontrolną (a - 40, b - 80 i c - 100 pg/pL).

4.5 - Test indukcji ostrego kryzysu z PoDv podawanym i.c.v. u szczurów

Wyniki działania PoDv w testach indukcji drgawek przedstawiono na rycinie 13. Najwyższa badana dawka PoDv istotnie chroniła zwierzęta, którym podawano kwas kainowy, pikrotoksynę i bicukullinę przed napadami klasy 8 (p<0,05). Jednak żadna z dawek PoDv nie blokowała w sposób istotny napadów wywołanych systemowym wstrzyknięciem pentylenetetetrazolu. PoDv w dawce 80 pg/pL chroniła zwierzęta jedynie przed działaniem kwasu kainowego. Wartości DE50 wraz z przedziałami ufności obliczonymi za pomocą analizy Probit dla każdego z konwulsantów są opisane w tabeli 5. Wartości te wskazują, że PoDv był bardziej skuteczny w zwalczaniu drgawek wywołanych kwasem kainowym, następnie bikukuliną, pikrotoksyną i na końcu PTZ.

Latencja do wystąpienia napadów pod wpływem systemowej iniekcji PTZ wzrastała istotnie i zależnie od dawki w PoDv [F(3,ll) = 103,42; p<0,0001] (tab. 6). Szczury, którym podawano najniższą dawkę PoDv nie były chronione przed napadami wywołanymi kwasem kainowym, natomiast latencja wystąpienia napadów była istotnie wydłużona [F(l,7) = 7,89; p<0,05] (tabela 6). Nie zaobserwowano istotnych różnic w zakresie latencji napadów indukowanych pikrotoksyną, bikuliną pomiędzy szczurami w grupie kontrolnej i leczonej [odpowiednio F(2,10) = 1,79; p>0,05 i F(2,8) = 1,75; p>0,05].

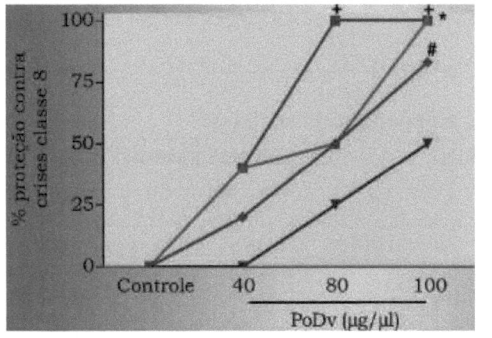

Kwas kainowy
■*- Biklukulina
■*- Pentylenetetrazol
Picrotoxin

Rysunek 13: Działanie przeciwdrgawkowe zdenaturowanej osy żółciowej *P occidentalis* (PoDv) przeciwko napadom wywołanym przez podanie środków konwulsyjnych: kwasu kainowego 0,8 pg/pL, pikrotoksyny 30 pg/pL, biklukuliny 1 pg/pL (i.c.v.) i pentylenetetetrazolu 100 mg/kg (s.c.). Test chi kwadrat, p<0,05 w stosunku do kontroli (+ kwas kainowy, * bikulina, x pentylenetetetrazol i # pikrotoksyna).

Tabela 5: Wartości DE50 PoDv osy *P occidentalis* podawanej i.c.v. szczurom przeciwko drgawkom wywołanym podaniem kwasu kainowego, pikrotoksyny, biklukuliny i pentylenotetetrazolu.

Środki konwulsyjne (dawka)	DE50 (CI 95%) pg/pL
(i.c.v.) biklukulina (1 pg/pL)	57 (50-97)
(i.c.v.) kwas kainowy (0,8 pg/pL)	44 (35-78)
(i.c.v.) pikrotoksyna (30 pg/pL)	75 (41-102)

Wartości DE50 zostały obliczone za pomocą analizy Probit (95% granice ufności podano w nawiasach).

Tabela 6: Wpływ PoDv podawanego i.c.v. u szczurów na latencję wystąpienia napadów klasy 8.

LeczeniePacjenci	z napadami klasy 8 (s)		
Pikrotoksyna		Kwas kainowyPTZ	
Kontrola130 ±	26270 ± 57	60 ±	5600 ± 5
PoDv 40 pg/pL180±	51600 ±	309 ± 122*800 ± 20*	
PoDv 80 pg/pL 390 ± 2601004 ± 196		960 ± 60*-+	
PoDv 100 pg/pL-1365	± 661	1065 ± 15*> +	

Jednoczynnikowa ANOVA, a następnie test post-test Tukeya. Wszystkie dane zostały wyrażone jako średnie ± SEM.

- *kontrola $p<0,05$
- +40 pg/pL $p<0,05$
- Śledzone przestrzenie: 100% ochrony.

4.5 - Badanie wydajności na rotodzie

Średnie opóźnienie opadania rotarodu po podaniu 3 dawek PoDv i kontroli przedstawiono w tabeli 7. Nie zaobserwowano istotnych różnic pomiędzy zabiegami a grupą kontrolną [F(2,12) = 0,15; p<0,85].

Tabela 7: Wpływ i.c.v. wstrzykniętego PoDv na koordynację ruchową u szczurów w teście rotarod.

Leczenie (i.c.v.)	Opóźnienie (s) (średnia ± P.E.M.)
Kontrola	60 ± 0
PoDv 40 pg/pL	52.8 ± 7.2
PoDv 80 pg/pL	49.6 ± 10.4
PoDv 100 pg/pL	46 ± 8.6

Jednoczynnikowa analiza wariancji, a następnie test Tukey'a.

4.6- Badania antynocyceptywne z PoDv wstrzykiwanym i.c.v. u szczurów

PoDv, po *podaniu* i.c.v., indukowała wzrost latencji ucieczki u szczurów badanych w teście gorącej płyty. Istotne różnice zaobserwowano w wynikach dotyczących wpływu leczenia [F(1,7) = 18,86; p<0,001], czasu [F(7,12) = 2,60; p<0,05] oraz interakcji leczenie-czas [F(7,20) = 5,01; p<0,001]. Jednokierunkowe analizy wariancji (ANOVA) wykazały istotny wpływ zabiegów w 20, 30 i 60 minucie [F(1,7) = 6,37, 4,25 i 2,97; p<0,05, odpowiednio] (Rysunek 14).

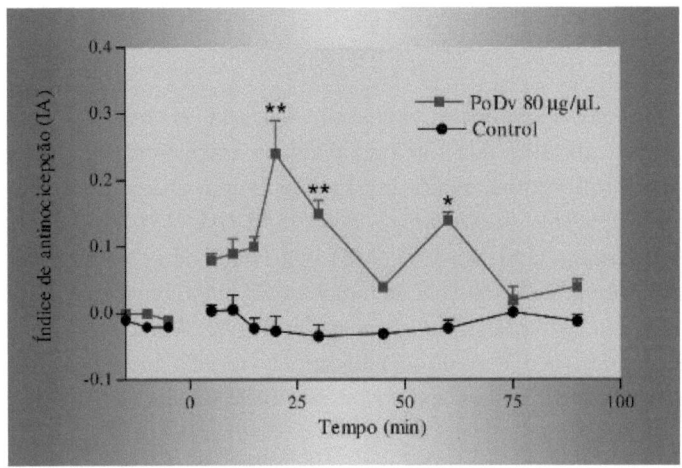

Ryc. 14: Wpływ na latencję ucieczki w teście *gorącej płyty* po wstrzyknięciu i.c.v. PoDv (80 pg/pL). Dane poddano analizie MANOVA i post-testowi Tukey'a, * p<0,05 i **p<0,001.

4.8 - Bioguided isolation of the low molecular weight components of marihuana

4.8.1 - Pierwsze wyjście z izolacji

Ekstrakt zawierający wyłącznie związki o masach cząsteczkowych mniejszych niż 3000 Da (30 mg) poddano frakcjonowaniu metodą CLAE i uzyskano profil chromatograficzny, który pogrupowano na 12 frakcji, nazwanych toksynami *Polybia occidentalis* - PoTx 1-12 (ryc. 15). PoTx 1, 2 i 3 zostały zidentyfikowane (ESI-MS i MS/MS) i są tworzone przez złożone mieszaniny neurotransmiterów, wolnych aminokwasów, amin biogennych i pochodnych purynowych, coтo adenozyny (dane nie pokazane). Frakcje eluowane po 20 min chromatografii (PoTx 4 do 12) badano w testach biologicznych, a związki neuroaktywne identyfikowano metodami ESI-MS i MS/MS.

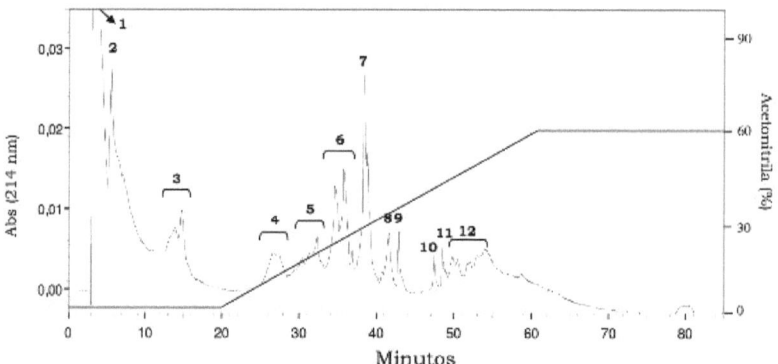

Rysunek 15: Profil chromatograficzny osy *P. occidentalis* (związki <3000 Da). Użyto kolumny z fazą odwróconą (C18 ODS, 15 pm, 20 x 250 mm), eluującej z ACN i TFA za pomocą izokratycznego gradientu 2% ACN/woda + 0,07% TFA (20 min), a następnie 2 do 60% ACN/woda + 0,07% TFA przez 40 min i 60% ACN/woda + 0,07% TFA przez 20 min, z szybkością przepływu 5 mL/min. Eliminowane frakcje monitorowano przy długości fali 214 nm. Gradient acetonitrylu zaznaczono czerwoną linią.

4.9 - Związki przeciwdrgawkowe

4.9.1 - Próby biologiczne z asfraQonami wyodrębnionymi metodą HPLC

PoTx-6 oznaczano u szczurów poddanych testowi indukcji ostrych napadów drgawkowych przy użyciu kwasu kainowego (0,8 mg/ml), w dawkach 0,1, 1 i 3 gg/ml (i.c.v.).

Efekty działania tej cząsteczki u szczurów poddanych badaniom przeciwdrgawkowym przedstawiono na rycinie 16. Najwyższa i pośrednia dawka (3 i 1 gg/ml) istotnie chroniła leczone zwierzęta przed napadami klasy 8 indukowanymi kwasem kainowym, w porównaniu z grupą kontrolną *(X2* = 16,45; p<0,001). Ponadto odsetek zwierząt zabezpieczonych przed napadami był istotnie wyższy w grupach leczonych wyższą dawką w stosunku do dawki niższej *(X2* = *7,53; p<0,01).*

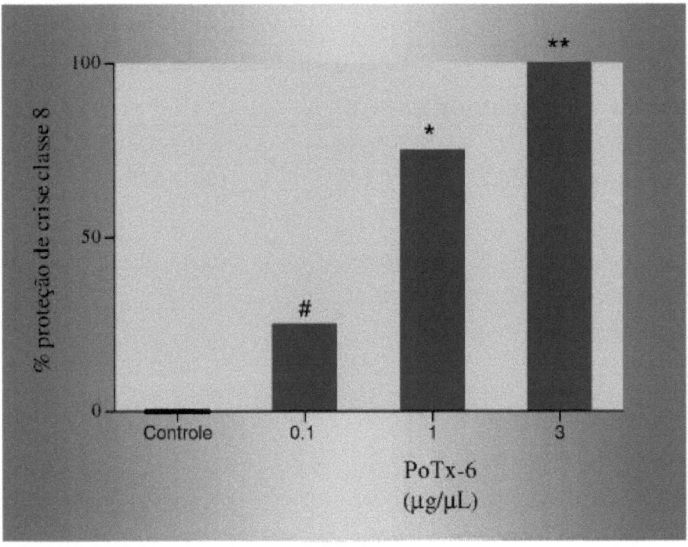

Rycina 16: Wpływ wstępnego leczenia PoTx-6 u szczurów poddanych modelowi ostrej indukcji kryzysu wywołanego kwasem kainowym. Test Chi-kwadrat, (* w odniesieniu do kontroli i # w odniesieniu do 3 gg/mysz).

Wartość DE50 z o przedziałem ufności (CI 95%) obliczona na podstawie analizy Probit wynosiła 0,21 (0,09-0,6) pg/pL. Do badania tej frakcji użyto kwasu kainowego, gdyż denaturat jadu był bardziej skuteczny w zwalczaniu tej substancji konwulsyjnej. Latencja do wystąpienia napadów drgawkowych u szczurów, którym wstrzyknięto i.c.v. kwas kainowy, wzrastała istotnie, zależnie od dawki, po podaniu PoTx-6 [F(2,8) = 13,42; p<0,003] (tab. 8). Szczury, którym podawano najniższą dawkę PoTx-6, nie były chronione przed napadami wywołanymi przez kwas kainowy. Jednakże, opóźnienie do wystąpienia napadów u tych zwierząt było znacznie zwiększone.

Tabela 8: Wpływ wstępnego podawania PoTx-6 na latencję do wystąpienia napadów klasy 8 indukowanych kwasem kainowym.

Środki konwulsyjne	Kontrola	Czas trwania kryzysu klasy 8 (s)		
		PoTx-6		
		0,1 pg/pL	1 Pg/pL3	pg/pL
Kwas kainowy i.c.v. (0,8 pg/pL)	60 ± 5	93 ± 17*	120 ± 0**-	

Jednoczynnikowa ANOVA, a następnie test post-test Tukeya. Wszystkie dane zostały wyrażone jako średnie ± SEM.
1. *kontrola p<0,05; ** p<0,001
2. Śledzone przestrzenie: 100 % ochrony.

4.9.2 - Pu.ryfikacja związków występujących w zakresie PoTx-6

Widmo masowe (ESI+) PoTx-6 ujawniło dwa dominujące związki o względnych masach cząsteczkowych 499 i 602 Da (M+2H+) oraz pewne zanieczyszczenia, wymagające dalszego etapu oczyszczania.

Na tym drugim etapie oczyszczania uzyskano rozdzielenie dwóch głównych związków, które stanowiły frakcję początkową (rysunek 17). Rozdzielenie związków monitorowano za pomocą spektrometrii mas o wysokiej rozdzielczości (ESI+), a widma pokazano na rysunku 18 A i B. O pierwszy pik eluował w CLAE i stanowił go związek o masie cząsteczkowej 602,3299 Da (M+2H+) i o drugi o masie cząsteczkowej 499,7850 Da (M+2H+).

Związki te nie zostały wcześniej opisane i nazwano je Occidentalin-997 i Occidentalin-1202. Klasyfikacja ta była zgodna ze standardami stosowanymi w przypadku cząsteczek opisywanych z jadów zwierzęcych, a Occidentalina to neologizm powstały ze skrzyżowania słów *occidentalis* i toxin, po którym następuje liczba oznaczająca względną masę cząsteczkową związku.

Protokół

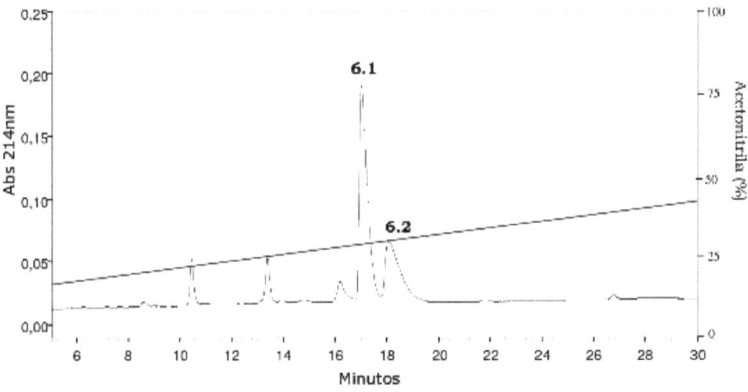

Rysunek 17: Drugi etap izolacji PoTx-6 metodą CLAE przy użyciu kolumny z fazą odwróconą (C18 ODS Shimadzu 5 pm, 4,6 x 250 mm), eluującej ACN i TFA gradientem liniowym od 10 do 60% ACN + 0,07% TFA (40 min), przy natężeniu przepływu 1,5 mL/min. Gradient acetonitrylu jest zaznaczony czerwoną linią.

55

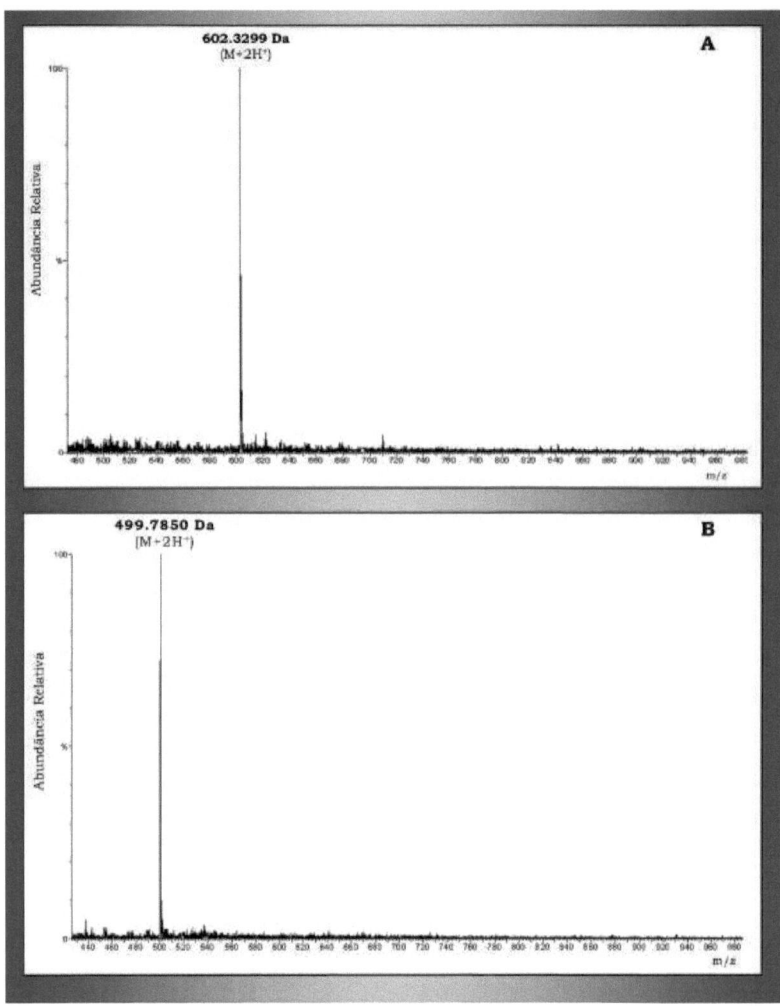

Rys. 18: Profile spektrometrii mas ESI/MS wysokiej rozdzielczości oczyszczonych przez CLAE frakcji 6.1 i 6.2. W A - frakcja 6.1, która została nazwana Occidentalin-1202, a w B - frakcja 6.2 Occidentalin-997.

4.9.3   - Badanie u szczurów poddanych modelowi indukcji kryzysu z Occidentaliną-997 i 1202.

Occidentaliny badano u szczurów poddanych modelowi ostrej indukcji drgawek wywołanych kwasem kainowym (i.c.v.) i PTZ (s.c.). Wzrastające dawki OcTx-1202 (0,05, 0,1, 0,5 i 1 pg/pL) oraz OcTx- 997 (0,5, 2 i 4 pg/pL) wstrzykiwano do komory bocznej szczurów, a po 10 min wstrzykiwano środek drgawkowy.

W tym eksperymencie sprawdzono, że OcTx-997 nie blokował napadów drgawkowych indukowanych kwasem kainowym i PTZ.

Z kolei OcTx-1202 w sposób zależny od dawki wywoływał silny efekt przeciwdrgawkowy wobec napadów wywołanych kwasem kainowym (rysunek 19). Zaobserwowano więc istotne różnice pomiędzy odsetkiem ochrony w grupach zwierząt, którym podawano OcTx-1202 w dawkach 0,1, 0,5 i 1 pg/zwierzę w stosunku do grupy kontrolnej, której podawano sól fizjologiczną, a następnie kwas kainowy (X2 = 18,33; p<0,001). Ponadto zaobserwowano również istotne różnice pomiędzy efektem najniższej dawki OcTx-1202 a wyższymi dawkami 0,5 i 1 pg/pL. Wartość O DE50 z przedziałem ufności (CI95%) obliczona na podstawie analizy Probit wynosiła 0,06 (0,02-1,16) pg/pL. Latencja dla o początku napadu drgawek miała istotny i zależny od dawki wzrost w OcTx-1202 [F(3,12) = 621,12; p<0,0001] (Tabela 9).

OcTx-1202 blokował również napady drgawkowe wywołane PTZ u szczurów (Rysunek 20). Istotne różnice zaobserwowano pomiędzy grupą kontrolną a grupą otrzymującą wyższą dawkę (1 pg/pL) OcTx-1202. Co więcej, efekt o niższej dawki również wykazywał istotną różnicę w stosunku do wyższej dawki OcTx-.

1202 (X2 = 10,29; p<0,002).

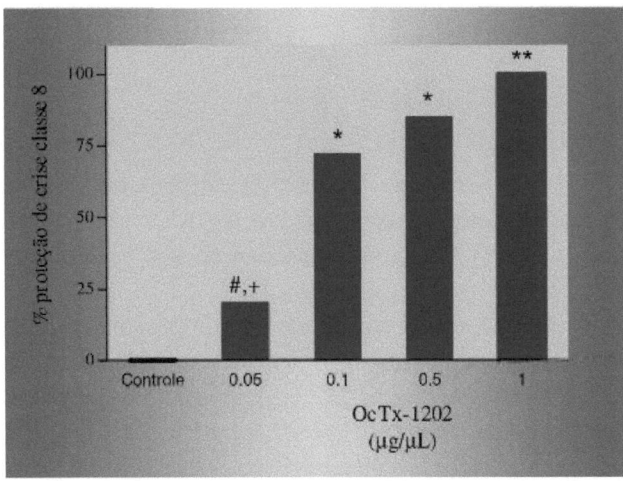

Ryc. 19: Wpływ wstępnego leczenia Occidentalinem-1202 u szczurów poddanych modelowi ostrej indukcji kryzysu wywołanego kwasem kainowym. Test Chi-kwadrat (* * w stosunku do kontroli, # w stosunku do 0,5 pg/pL i + w stosunku do 1 pg/pL).

Convulsivante	Latências para crises classe 8 (s)			
	Controle	OcTx-1202		
		0.05 µg/µL	0.1 µg/µL	0.5 µg/µL	1 µg/µL
Ácido caínico i.c.v. (0,8 µg/µL)	60 ± 5	181 ± 7*,#	203 ± 20**,#	540**	-

ANOVA de uma via seguida pelo pós-teste de Tukey. Todos os dados foram expressos em médias ± E.P.M.
- controle *$p<0.05$, ** $p<0.001$
- # dose 0.5 µg/µL

Tabela 9: Efekt wstępnego leczenia OcTx-1202 u szczurów, którym wstrzyknięto kwas kainowy. Przedstawiono wartości latencji dla o początku napadów klasy 8 indukowanych kwasem kainowym.

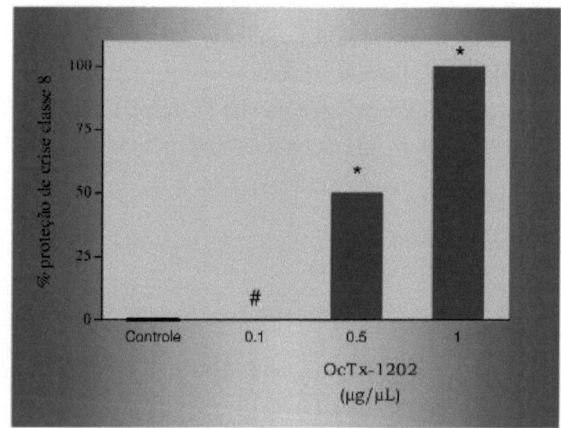

Rysunek 20: Efekt wstępnego leczenia Occidentalinem-1202 u szczurów poddanych modelowi ostrej indukcji napadów drgawkowych wywołanych przez PTZ. Test chi kwadrat (* w odniesieniu do kontroli, # w odniesieniu do dawki 1 pg/pL).

Wartość O DE50 z o przedziałem ufności (CI95%) obliczona na podstawie analizy Probit wynosiła 0,51 (0,3-0,75) pg/pL OcTx-1202 przeciwko napadom drgawkowym wywołanym przez PTZ. Czas trwania napadów klonicznych i uogólnionych kloniczno-tonicznych przedstawiono w tabeli 10. Jeśli chodzi o czas do wystąpienia napadów klonicznych, zaobserwowano istotne różnice pomiędzy szczurami z grupy kontrolnej a szczurami otrzymującymi dawkę 0,5 pg/pL (F(2,10) = 6,18; p<0,05). Podobnie, porównanie latencji wystąpienia uogólnionych napadów kloniczno-tonicznych wykazało istotne różnice pomiędzy szczurami z grupy kontrolnej i otrzymującymi najwyższą dawkę oraz dawki 0,1 i 0,5 pg/pL (F(2,8) = 24,10; p<0,01).

Tabela 10: Efekt wstępnego leczenia OcTx-1202 u szczurów, którym wstrzyknięto PTZ. Przedstawiono wartości opóźnienia do początku napadów klonicznych i uogólnionych kloniczno-tonicznych (klasa 8) wywołanych PTZ.

Crises	Latências para crises induzidas por PTZ		
	s.c. (100 mg/Kg)		
	Controle	OcTx-1202	
		0.1 µg/µL	0.5 µg/µL	1 µg/µL
Clônicas	456 ± 77	660 ± 112	1260 ± 34*	-
Clônico-tônicas generalizadas	600 ± 54	885 ± 70*.#	1650 ± 210**	-

Jednoczynnikowa ANOVA, a następnie test post-test Tukeya. Wszystkie dane zostały wyrażone jako średnie ± SEM.

• kontrola*p<0,05; ** p<0,001
• # dawka 0,5 pg/pl p<0,05
1 Śledzone przestrzenie: 100% ochrony.

4.9.4 - Identyfikacja sekwencji aminokwasowej OcTx-1202

Sekwencję peptydu *de novo* wydedukowano na podstawie analizy widm ESI-MS/MS jonu 602.3299 (M+2H+) uzyskanych przy różnych energiach zderzenia z gazem argonowym (10-60 eV), przy użyciu spektrometru mas z potrójnym kwadrupolem (Quatro LC, Micromass, UK) oraz analizy widm MSEMS uzyskanych przy użyciu spektrometru mas wysokiej rozdzielczości (UltrOTOF - Bruker Daltonics, Billerica, USA). Analiza fragmentacji tego jonu pozwoliła na uzyskanie sekwencji aminokwasowej (Rysunek 21). Pełna seria jonów b rozpoczyna się obecnością jonu m/z 129, a następnie pojawiają się jony m/z 257, 420, 551, 650, 721, 868, 1054, 1202. Odjęcie wartości jonów b umożliwiło określenie pełnej sekwencji aminokwasów tworzących peptyd o, co zostało potwierdzone identyfikacją jonów y (m/z 148, 334, 482, 552, 651, 782, 945, 1073 i 1202), jak pokazano na Rysunku 21. Tak więc PoTx-6.1 składa się z 9 reszt aminokwasowych, a jego pierwotna sekwencja to: Glu-Gln/Lys-Tyr-Met-Val-Ala-Phe-Trp-Met-NH2.

W celu odróżnienia glutaminy od lizyny w pozycji 2, peptyd o poddano acetylacji. Po analizie widm masowych stwierdzono, że resztę o tworzy aminokwas Glutamina. Tak więc pierwotna sekwencja peptydu to **Glu-Gln-Tyr-Met-Val-Ala-Phe-Trp-Met-NHa.**

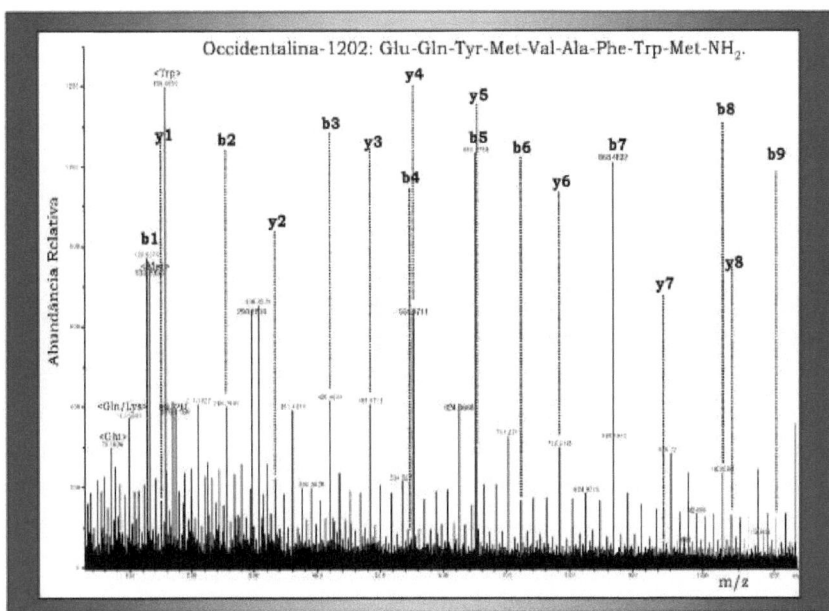

Rysunek 21: Widmo ESI-MS/MS jonu m/z 602.3 (M+2H+) z PoTx-6.1. Pokazane są różne masy jonów i sekwencja aminokwasów przedstawiona na górze rysunku.

4.10 - Związki antynocyceptywne

4.10.1   *- Oczyszczanie związków obecnych we frakcji PoTx-7*
Widmo masowe (ESI-MS) frakcji PoTx-7, która została rozdzielona
metodą CLAE, ujawniło obecność głównego jonu protonowanego m/z 1074,8
(M+H+), obok innych małych pików. Ze względu na te zanieczyszczenia frakcję
poddano chromatografii, a jej czystość oceniono za pomocą spektrometrii mas o
wysokiej rozdzielczości (Rysunek 22 A). Po tym drugim etapie izolacji, związek
o o m/z 1074.8 (M+H+) okazał się czysty (rysunek 22 B).

4.10.2   *- Identyfikacja sekwencji aminokwasowej PoTx-7*
Widma ESI-MS/MS jonu 1074.8 uzyskano przy różnych energiach
zderzenia z gazem argonowym (10-60 eV), a analiza fragmentacyjna tego jonu
głównego pozwoliła na ustalenie sekwencji aminokwasowej (Rysunek 23). Pełna
seria jonów b rozpoczyna się obecnością jonu m/z 157, a następnie pojawiają się
jony m/z 254, 355, 412, 555, 656, 753, 900 i 1075 (M+H+). Odjęcie wartości
jonów b umożliwiło określenie pełnej sekwencji aminokwasów tworzących
peptyd o, co zostało potwierdzone identyfikacją jonów y (m/z 176, 323, 420, 521,
668, 725, 821, 918 i 1075), jak pokazano na Rysunku 23. Tak więc PoTx-7 składa
się z 9 reszt aminokwasowych, a jego pierwotna sekwencja to: **Arg-Pro-Pro-Gly-
Phe- Thr-Pro-Phe-Arg-OH.** Peptyd ten znany jest jako сото Thr6-Bradykinina
i różni się od bradykininy podstawieniem aminokwasu w pozycji 6, który w
przypadku bradykininy jest seryną, a Thr6-Bradykininy - treoniną.

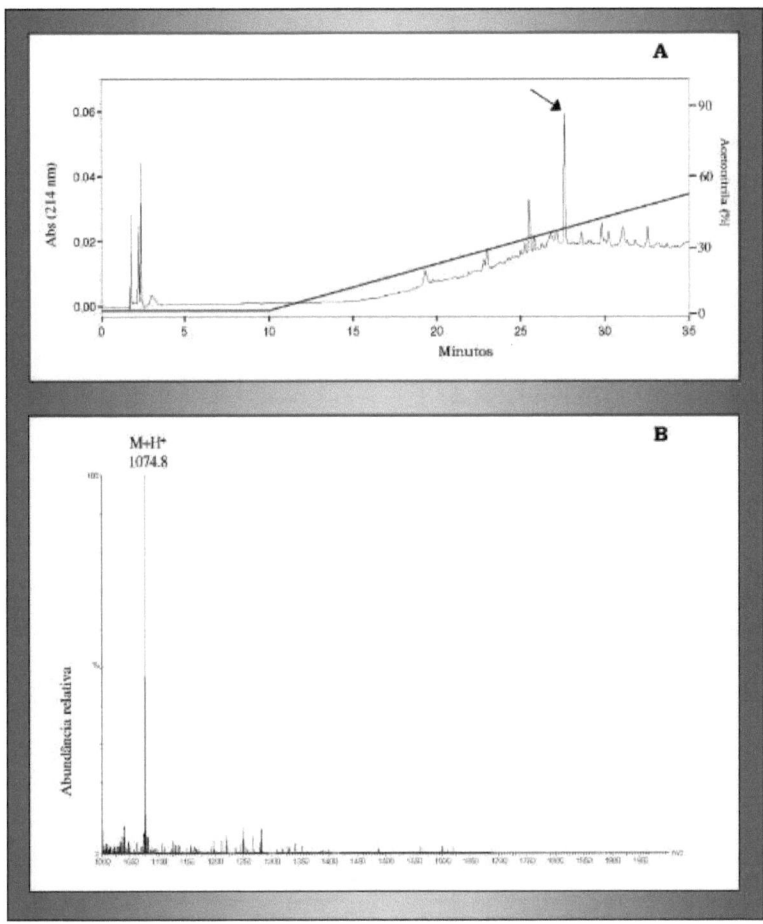

Rysunek 22: Drugi etap oczyszczania PoTx-7 wyizolowanego z żądła osy *Polybia occidentalis*. W A, profil chromatograficzny PoTx- 7 i w B, widmo masowe aktywnego piku wskazanego strzałką w A, odnoszące się do piku m/z 1074.8.

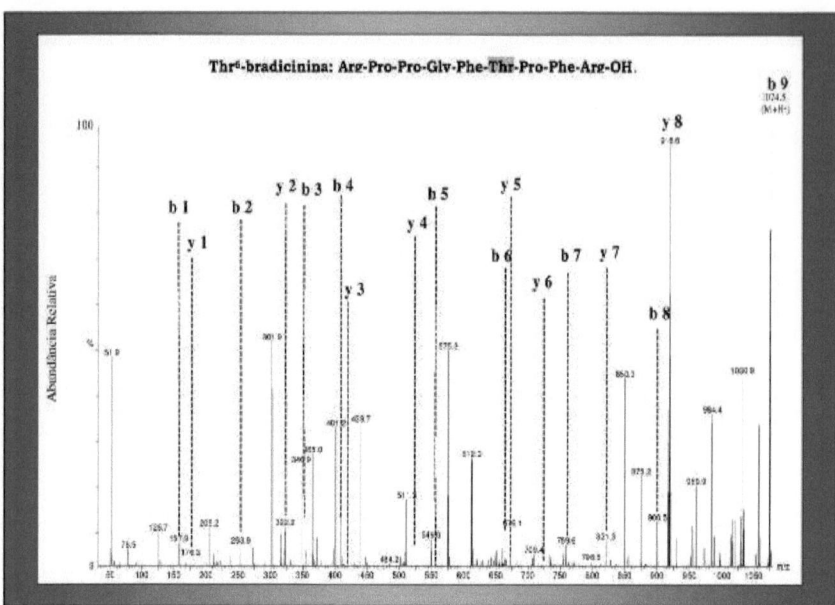

Rysunek 23: Widmo ESI-MS/MS jonu m/z 1074.8 (M+H+) PoTx-7 uzyskane przy energii zderzenia 50 eV. Pokazane są różne masy jonów bey oraz sekwencja aminokwasów przedstawiona na górze rysunku.

4.10.3 - Testy antynocycepcji z Thr^-BK

Thr6-BK po podaniu i.c.v. wywoływał silny efekt antynocyceptywny w sposób zależny od dawki u szczurów badanych testem ogonowym (tail-flick test). Istotne różnice zaobserwowano w wynikach wpływu leczenia [$F(4,21)$ = 13,36; $p<0,0001$], czasu [$F(9,21)$ = 7,27; $p<0,0001$] oraz interakcji leczenie-czas [$F(36,79)$ = 1,612; $p<0,02$]. Jednoczynnikowa analiza wariancji (ANOVA) wykazała istotny wpływ zabiegów we wszystkich badanych okresach [$F(4,21)$ w zakresie od 4,35 do 8,55; $p<0,05$]. Dane dotyczące uścisku ogona poddane analizie post-hoc wykazały, że wszystkie dawki Thr6-BK (8, 4, 2 i 1 nmol) spowodowały znaczący wzrost efektu antynocyceptywnego w porównaniu z kontrolą. Dawka 8 nmoli wywołała u szczurów efekt, który był obserwowany przez cały okres trwania eksperymentu. Ponadto, w 30 i 45 minucie zaobserwowano różnicę pomiędzy efektem o najniższej i najwyższej dawki Thr6-BK (Rysunek 24 A).

Zależny od dawki efekt antynocyceptywny obserwowano również u szczurów w teście gorącej płyty. Istotne różnice zaobserwowano w przypadku wpływu leczenia [$F(4,22)$ = 7,79; $p<0,0001$], czasu [$F(9,12)$ = 12,12; $p<0,0001$] oraz interakcji leczenie-czas [$F(36,198)$ = 3,33; $p<0,001$]. Jednoczynnikowa ANOVA wykazała istotny wpływ zabiegów od 30 do 120 min [$F(4,22)$ w zakresie od 3,00 do 7,68; $p<0,05$]. Analizy post hoc wykazały, że wszystkie dawki Thr6-BK (8 i 4 nmole) spowodowały znaczący wzrost latencji gorącej płyty w porównaniu z grupą kontrolną, a dawka 8 nmoli Thr6-BK różniła się statystycznie istotnie od dawek 2 i 1 nmola (Figura 25 A).

W obu testach nocyceptywnych maksimum efektu obserwowano po 30 min od mikroiniekcji Thr6-BK, a czas trwania efektu był również zależny od dawki (ryc. 24 i 25).

Podobne działanie antynocyceptywne obserwowano również w polu pod krzywą (AUC), zarówno dla testu uścisku ogona [$F(4,20)$ = 11,58; $p<0,001$], jak i dla testu gorącej płytki [$F(4,22)$ = 11,13; $p<0.0001$], Analizy post hoc wykazały znaczący wzrost efektu antynocyceptywnego 4 i 8 nmoli Thr6-BK względem kontroli i najwyższej dawki względem innych dawek Thr6-BK w teście uniesienia ogona (Figura 24 B). W analizie wyników AUC uzyskanych na gorącej płytce zaobserwowano istotne różnice między dawką 8 nmoli Thr6-BK a o kontrolą, jak również coto tą samą dawką i wszystkimi innymi niższymi dawkami (Figura 25 B).

Tail-flick

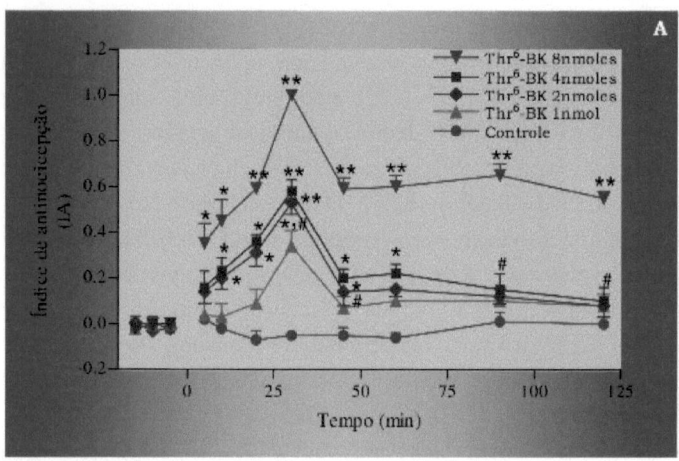

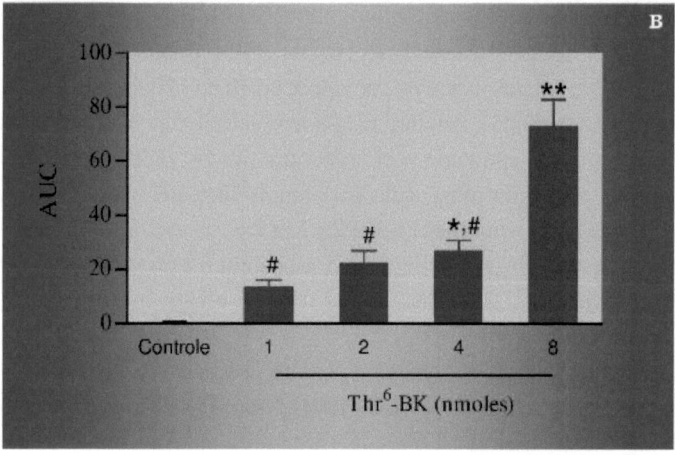

Ryc. 24: W A, latencja wycofania w teście uścisku *ogona* po i.c.v. wstrzyknięciu Thr6-BK u myszy. B, Obszar pod krzywą (AUC) grup przedstawionych w A. * różnice istotne w porównaniu z kontrolą (* *p<0,05* ***p<0,001),* # różnice istotne w porównaniu z Thr6-BK w dawce 8 nmoli, oraz + różnice istotne w porównaniu z Thr6-BK w dawce 4 nmoli.

Hot-plate

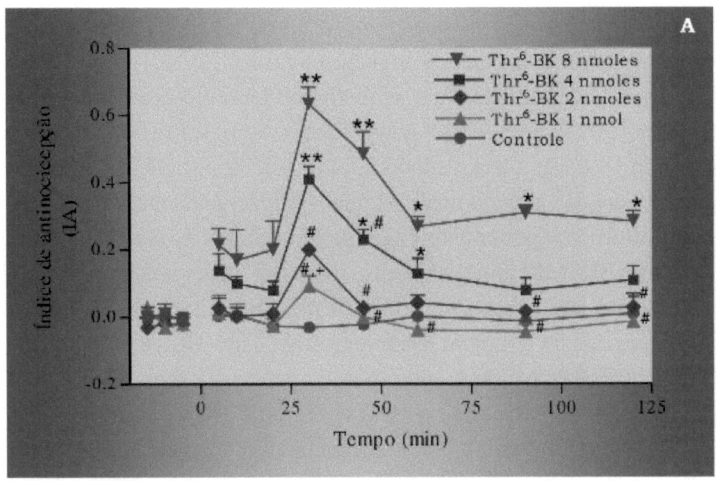

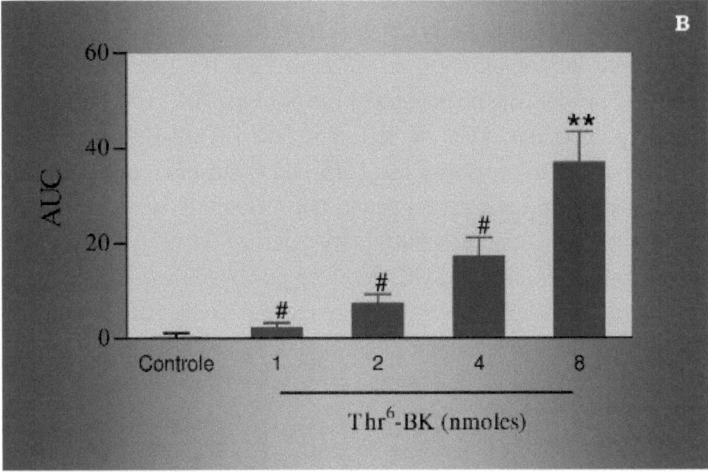

Ryc. 25: W A, latencja ucieczki w teście *gorącej płyty* po i.c.v. wstrzyknięciu Thr6-BK u myszy. B, Obszar pod krzywą (AUC) grup przedstawionych w A. * różnice istotne w stosunku do kontroli (* *p<0,05* **p<0,001)*, # różnice istotne w stosunku do Thr6-BK 8 nmoli, oraz + różnice istotne w stosunku do Thr6-BK 4 nmoli.

Ryciny 26 i 27 przedstawiają porównanie efektów działania bradykininy (BK; 16, 8 i 4 nmole) i Thr6-BK (8 nmoli) u szczurów poddanych odpowiednio działaniu *uniesienia ogona* i *gorącej płyty*. W teście uścisku ogona *(*tail-flick test) zaobserwowano istotne różnice w efekcie leczenia [$F(4,20)$ = 18,53; $p<0,01$], czasu [$F(7,14)$ = 2,26; $p<0,05$] oraz w interepcji leczenie-czas [$F(28,78)$ = 1,67; $p<0,02$]. Jednoczynnikowa ANOVA wykazała istotny wzrost efektu leczenia od 20 do 120 min [$F(4,20)$] w zakresie od 2,52 do 10,53; $p<0,05$]. Analizy post hoc wykazały, że Thr6-BK powodowała istotne wydłużenie latencji odpowiedzi typu *tail-flick* u szczurów w porównaniu z grupą leczoną BK w okresie największego działania Thr6-BK (30 min). Ponadto, okres z maksymalnym szczytowym efektem działania BK obserwowano w 20 minucie, kiedy nie zaobserwowano istotnych różnic między grupami leczonymi BK i Thr6-BK (Rycina 26A).

Podobne efekty uzyskano przy porównywaniu latencji na *gorącej płytce*, istotne różnice zaobserwowano w efekcie leczenia [$F(4,23)$ = 8,78; $p<0,001$], czasu [$F(7,28)$ = 5,95; $p<0,0001$] oraz w interakcji leczenie-czas [$F(28,73)$ = 7,74; $p<0,001$]. Jednokierunkowa ANOVA wykazała istotne efekty leczenia w okresach od 20 do 120 min [$F(4,23)$ od 3,27 do 6,19; $p<0,05$], Podczas o szczytu okresu aktywności dla BK (20 min), istotne różnice zaobserwowano, gdy latencje porównano z tym samym okresem po leczeniu Thr6-BK (Rysunek 27 A). Dane te sugerują, że Thr6-BK ma późniejszą aktywność niż BK.

Kiedy porównano AUC w leczeniu BK i Thr6-BK, zaobserwowano znaczący efekt antynocyceptywny dla Thr6-BK w stosunku do tej samej dawki BK (8 nmoli) i dwukrotnie wyższej dawki BK (16 nmoli) w badaniu *ogonowym* *(tail-flick)*. [$F(4,22)$ = 16,39; $p<0,0001$] (Rysunek 26 B). W tym teście Thr6-BK był około 4-krotnie silniejszy od BK. AUC na *gorącej płycie* ujawniło, że Thr6-BK był znacząco bardziej aktywny niż trzy badane dawki BK [$F(4,23)$ = 21,39; $p<0,0001$], como pokazuje Rysunek 27 B. Dodatkowo, Thr6-BK był około 5 razy silniejszy niż BK w teście gorącej płyty.

Tail-flick

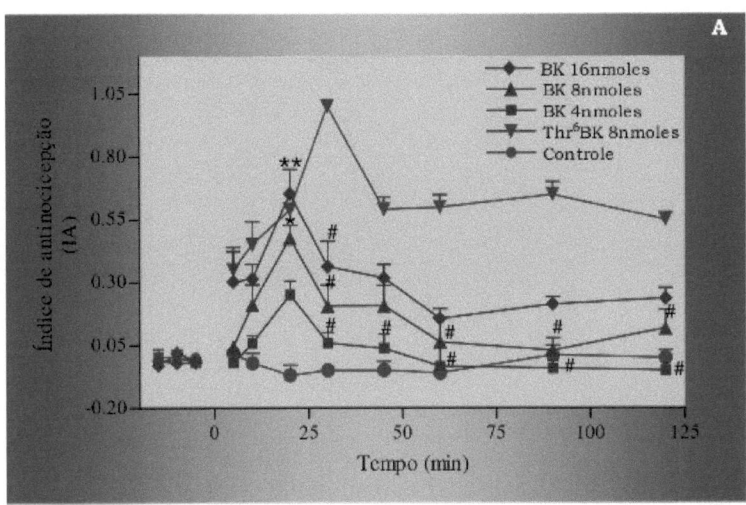

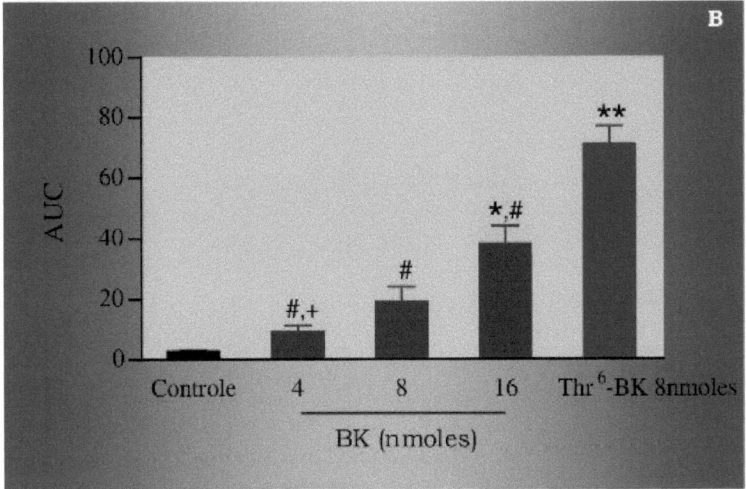

Rysunek 26: W A, latencja wycofania w teście *Tail-flick* po wstrzyknięciu i.c.v. Thr6-BK 8 nmoli i BK 4, 8 i 16 nmoli. B, Obszar pod krzywą (AUC) grup przedstawionych w A. * różnice istotne w porównaniu z kontrolą (* $p<0,05$ **$p<0,001$*), # różnice istotne w porównaniu z Thr6-BK 8 nmoli i + różnice istotne w porównaniu z BK 16 nmoli.

Hot-plate

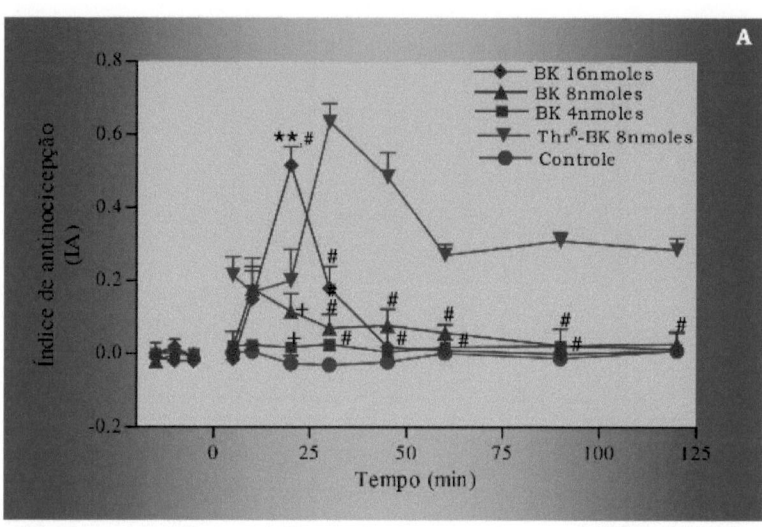

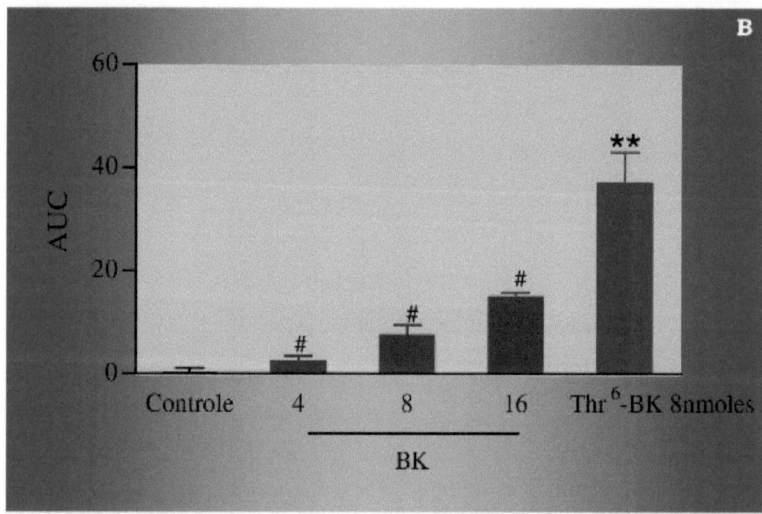

Rysunek 27: W A, latencja ucieczki w teście *gorącej płyty* po i.c.v. wstrzyknięciu Thr6-BK 8 nmoli i BK 4, 8 i 16 nmoli. B, Obszar pod krzywą (AUC) grup przedstawionych w A. * różnice istotne w porównaniu z kontrolą (* *p<0,05* **p<0,001), # różnice istotne w porównaniu z Thr6-BK 8 nmoli i + różnice istotne w porównaniu z BK 16 nmoli.

Względną siłę działania Thr6-BK oceniano również za pomocą parametru $coto$ morfiny. Zaobserwowano istotne różnice w wpływie leczenia [F(4,18) = 31,56; p<0,0001], czasu [F(9,12) = 10,18; p<0,0001] oraz interakcji leczenie-czas [F(28,126) = 3,86; p<0,0001] na zjawisko tailflick. Jednoczynnikowa ANOVA wykazała istotny wpływ leczenia od 5 do 120 min [F(4,18) od 2,01 do 8,11; p<0,05]. Analizy post-hoc wykazały, że latencja odstawienia wywołana przez Thr6-BK w dawce 8 nmoli była znacząco dłuższa niż morfiny (6 nmoli) w przedziałach czasowych od 5 do 45 min oraz niż morfiny w dawce 12 nmoli w czasie 30 min (Rysunek 28 A). Morfina w dawce 24 nmoli była jednak bardziej aktywna niż Thr6-BK w okresach 20, 45 i 120 min po leczeniu o (Rysunek 28 A).

Biorąc pod uwagę AUC wyników uniesienia *ogona,* istotną różnicę pomiędzy Thr6-BK a morfiną zaobserwowano jedynie w odniesieniu do najniższej dawki morfiny. Niemniej jednak, leczenie morfiną w najwyższej dawce różniło się istotnie od kontroli i dwóch najniższych dawek morfiny [F(4,17) = 28,41; p<0,001], Rysunek 28 B.

Analizując latencję na *gorącej płytce,* gdy Thr6-BK porównywano z morfiną, stwierdzono istotny wpływ leczenia [F(4,22) = 9,94; p<0,0001], czasu [F(7,19) = 11,79; p<0,001] oraz interakcji leczenie-czas [F(28,73) = 4,27; p<0,0001]. Jednoczynnikowa ANOVA wykazała istotny wpływ leczenia od 20 do 60 min [F(4,22) od 2,84 do 5,9; p<0,05]. Analizy post hoc wykazały, że wstrzyknięcie najniższej dawki morfiny nie spowodowało zwiększenia latencji ucieczki w porównaniu ze zwierzętami z grupy kontrolnej (sól fizjologiczna). Analizy te wykazały również istotne różnice pomiędzy latencją u zwierząt leczonych Thr6-BK i zwierząt leczonych morfiną (6 nmoli) w 30, 45 i 60 minucie po iniekcji. Maksymalną aktywność morfiny wykryto 45 min po leczeniu o, a lek ten miał silniejsze działanie niż Thr6-BK w okresie 60 min, Rysunek 29 A.

Rysunek 29 B przedstawia AUC dla danych dotyczących *płyty grzejnej.* *W* tym przypadku Thr6-BK powodował istotne wydłużenie latencji tylko w stosunku do najniższej dawki morfiny. W adiqation dwie najwyższe badane dawki morfiny różniły się istotnie od grupy kontrolnej i najniższej dawki morfiny [F(4,21) = 12,70; p<0,0001].

Wartości DE50 i 95% przedziały ufności obliczone dla Thr6-BK, BK i morfiny w dwóch testach są opisane w tabeli 11.

Tabela 11: Wartości DE50 i obliczone przedziały ufności dla Thr6- BK, BK i morfiny, wstrzykiwanych i.c.v. szczurom, w testach *uniesienia ogona* i *gorącej płyty.*

Leczenie	Tail-flick DE50 (95% CI) (nmol)	Płyta grzewcza DE50 (95% CI) (nmol)
Thr6-BK	2.94 (1.54-3.49)	6.82 (3.17-7.57)*
Bradykinina	7.25 (1.86-12.35)	15.90 (13.7-30.50)
Morfina	7.8 (5.1-12.03)	13.35 (7.05-24.5)

Wartości DE50 zostały obliczone za pomocą analizy Probit (95% granice ufności podano w nawiasach).

Porównano krzywe i obliczone wartości DE50 dla wszystkich zabiegów. W tych wynikach zaobserwowano istotne różnice pomiędzy grupą zwierząt leczonych Thr6-BK a lekami: morfiną i bradykininą *[tail-flick* - $F_{(2,56)} = 21,61$; $p<0,0001$; hot-plate - $F_{(2,64)} = 5,44$, $p<0,006$], W odniesieniu do porównania morfiny i bradykininy nie zaobserwowano istotnych różnic. Bezwzględne wartości DE50 wskazują, że Thr6-BK jest 2,65 i 2,1 razy silniejszy niż morfina oraz 2,5 i 3,36 razy silniejszy niż bradykinina, odpowiednio w teście *uniesienia ogona* i na *gorącej płytce*.

Tail-flick

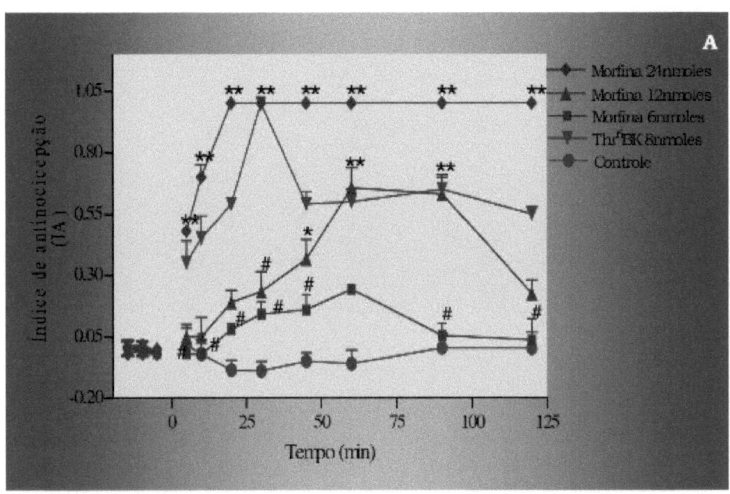

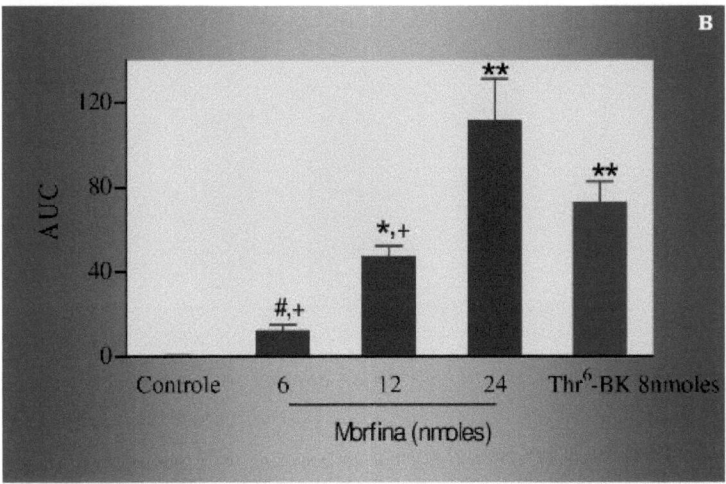

Ryc. 28: W A, Latencja wycofania ogona w teście uniesienia *ogona* po wstrzyknięciu i.c.v. Thr^-BK 8 nmoli i morfiny 6, 12 i 24 nmoli. B, Obszar pod krzywą (AUC) grup przedstawionych w A. * różnice istotne w porównaniu z kontrolą (* $p<0,05$ **$p<0,001$), # różnice istotne w porównaniu z dawką 8 nmoli Thr6-BK, oraz + różnice istotne w porównaniu z dawką 24 nmoli morfiny.

Płyta grzewcza

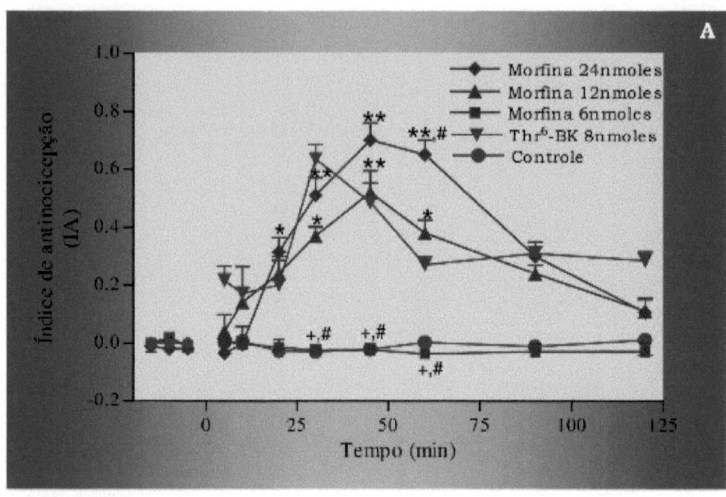

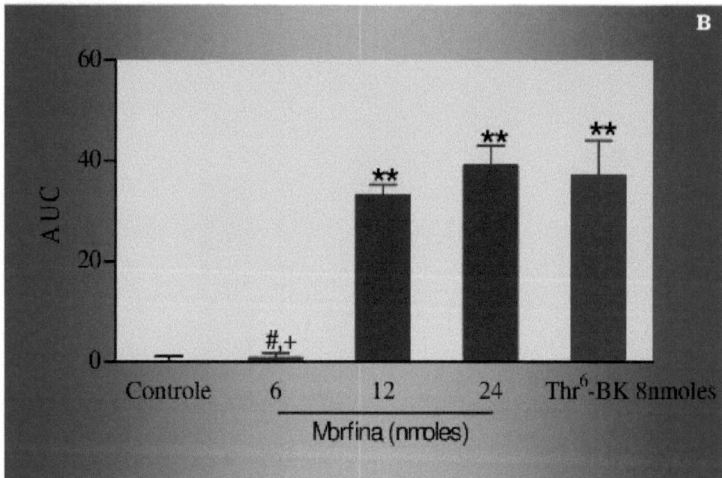

Ryc. 29: W A, latencja ucieczki w teście *gorącej płyty* po wstrzyknięciu i.c.v. Thr6-BK 8 nmoli i morfiny 6, 12 i 24 nmoli. B, Obszar pod krzywą (AUC) grup przedstawionych w A. * różnice istotne w porównaniu z kontrolą (* *p<0,05* **p<0,001), # różnice istotne w porównaniu z Thr6-BK 8 nmoli, oraz + różnice istotne w porównaniu z morfiną 24 nmoli.

Biorąc pod uwagę eksperymenty przeprowadzone w celu oceny udziału receptorów B2 w antynocyceptywnym działaniu Thr6-BK w *tailflick,* zaobserwowano istotny wpływ leczenia [$F_{(4,18)}$ = 25,89; $p<0,0001$], czasu [$F_{(9,10)}$ = 5,76; $p<0,006$] oraz interakcji leczenie-czas [$F_{(36,38)}$ = 2,74; $p<0,003$]. Jednoczynnikowa ANOVA wykazała istotny efekt leczenia od 15 do 60 min [$F_{(4,18)}$ od 5,10 do 15,10; $p<0,02$]. Analizy post hoc wykazały istotne różnice między iniekcjami Thr6-BK i antagonisty B2 plus Thr6-BK, od 25 do 60 min, kiedy aktywność samego Thr6-BK była zwiększona. Efekt O był również obserwowany po jednoczesnej iniekcji antagonisty B2 i BK, w tym samym okresie (Figura 30 A).

Jednoczesna iniekcja selektywnego antagonisty B2 i Thr6-BK lub BK całkowicie odwracała obserwowany efekt antynocyceptywny leków we wszystkich okresach na *gorącej płytce.* Stwierdzono istotny wpływ leczenia [$F_{(4,22)}$ = 11,13; $p<0,0001$], czasu [$F_{(9,14)}$ = 2,41; $p<0,05$] oraz interakcji leczenie-czas [$F_{(36,50)}$ = 2,01; $p<0,01$]. Jednoczynnikowa ANOVA wykazała istotny wpływ leczenia od 10 do 90 min [$F_{(4,22)}$ od 4,91 do 12,00; $p<0,007$]. Analizy post hoc wykazały istotne różnice między traktowaniami: antagonista B2 plus Thr6-BK i sam Thr6-BK; oraz antagonista B2 plus BK i sam BK (Figura 31A).

Rysunki 30 B i 31 B przedstawiają AUC po równoczesnym wstrzyknięciu antagonisty B2 i Thr6-BK lub BK dla obu testów. Jednoczesne podanie i.c.v. antagonisty B2 zmniejszało AUC wywołane przez BK i Thr6-BK w teście *hotplate* [$F_{(4,22)}$ = 5,11; $p<0,05$] i *tailflick [$F_{(4,}$18) = 6,21; $p<0,01$].

Tail-flick

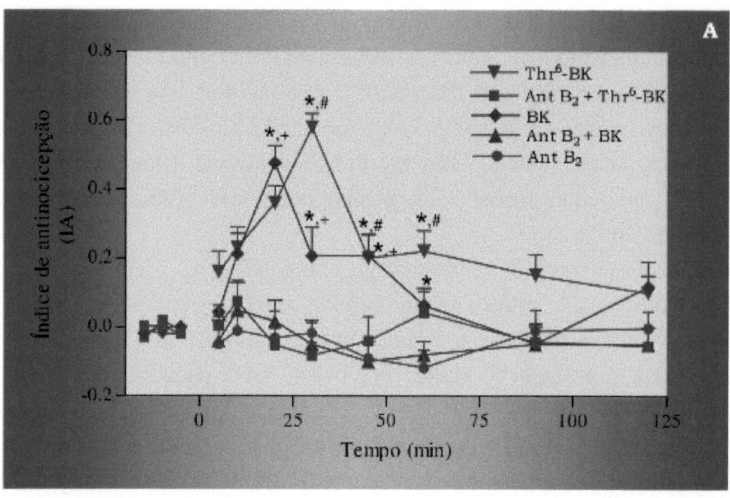

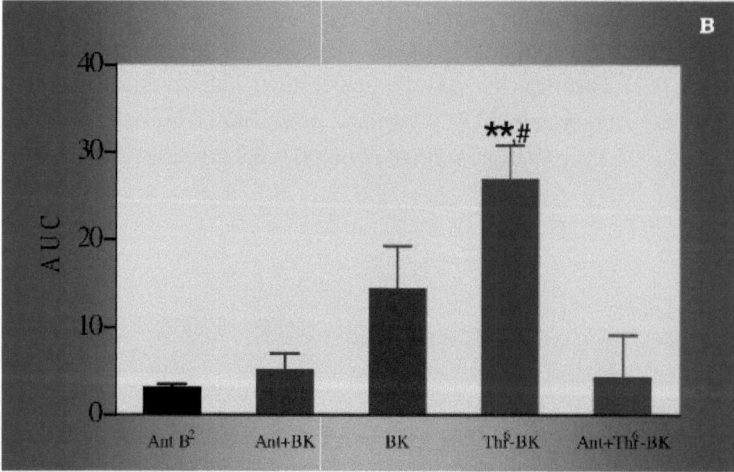

Rysunek 30: W A, latencja wycofania w teście *Tail-flick* po jednoczesnym wstrzyknięciu antagonisty B2 i Thr6-BK 4 nmoli oraz antagonisty B2 i BK 8 nmoli. B, Obszar pod krzywą (AUC) grup przedstawionych na rycinie A. * różnice istotne w porównaniu z kontrolą (* $p<0,05$ **$p<0,001$), # różnice istotne w porównaniu z antagonistą B2 i Thr6-BK w dawce 4 nmoli, oraz + różnice istotne w porównaniu z antagonistą B2 i BK w dawce 8 nmoli.

Hot-plate

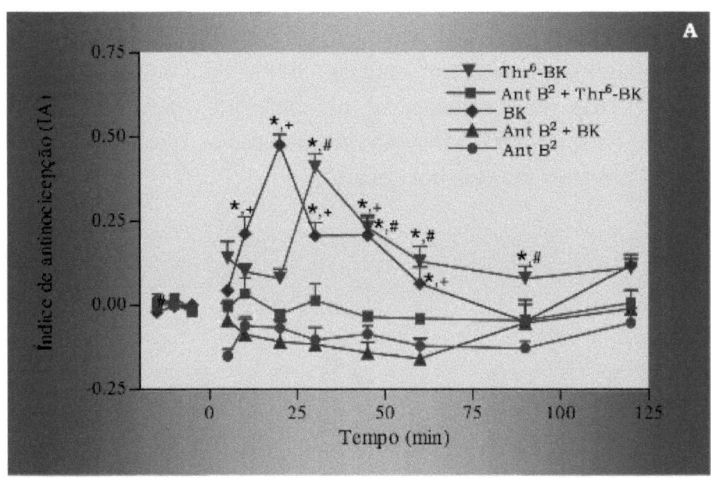

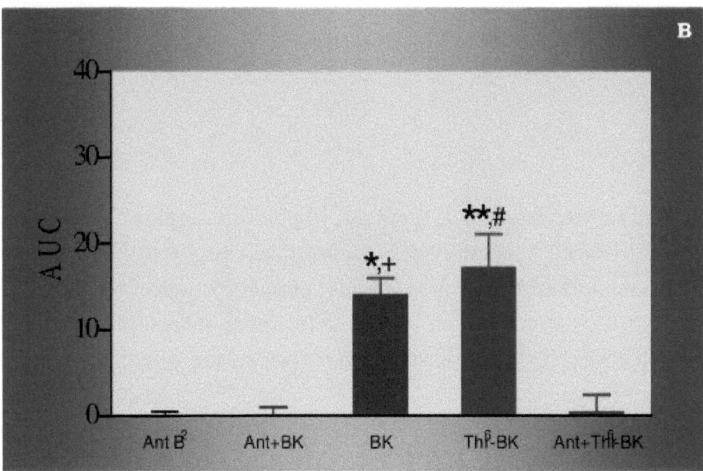

Ryc. 31: W A, latencja ucieczki w teście *gorącej płyty* po jednoczesnym wstrzyknięciu antagonisty B2 i Thr6-BK 4 nmoli oraz antagonisty B2 i BK 8 nmoli. B, Obszar pod krzywą (AUC) grup przedstawionych na rycinie A. * różnice istotne w porównaniu z kontrolą (* *p<0,05* **p<0,001*), # różnice istotne w porównaniu z antagonistą B2 i Thr6-BK w dawce 4 nmoli, oraz + różnice istotne w porównaniu z antagonistą B2 i BK w dawce 8 nmoli.

Wyniki przedstawione na Rysunku 32 pokazują, że ani BK, ani Thr6-BK nie miały żadnego wpływu na wychwyt [¹⁴C]-choliny. Każdemu oznaczeniu absorpcji towarzyszył równolegle pomiar aktywności dehydrogenazy kwasu mlekowego (LDH). W supernatantach nie zaobserwowano wzrostu LDH, co wskazuje, że synaptosomy zachowały integralność w obecności stosowanych stężeń BK i Thr6-BK (dane nie pokazane).

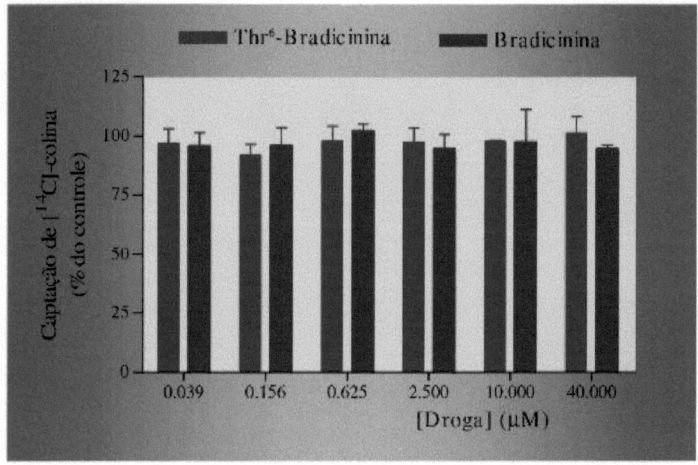

Ryc. **32:** Wpływ wzrastających stężeń BK (niebieskie słupki) i Thr6-BK (zielone słupki) na wychwyt [¹⁴C]-choliny w synaptosomach kory mózgowej szczura. Test t-Studenta nie wykazał istotnych różnic pomiędzy wychwytem [¹⁴C]-choliny w obecności zastosowanych stężeń leku. Każdy słupek pokazuje średnią ± SEM z niezależnych eksperymentów, każda dawka była badana w trzech powtórzeniach.

5. - DISCUSSAO

5.1 - Działanie przeciwdrgawkowe

Małe części os i pająków zostały uznane za ważne źródło związków neuroaktywnych, z dużą selektywnością w stosunku do substratów neuronalnych ssaków (Beleboni et *al.*, 2004a; Mellor & Usherwood, 2004). Jednak wiele cząsteczek o potencjale neurofarmakologicznym pozostaje nieznanych, głównie ze względu na niewielką liczbę badań skupiających się na związkach neuroaktywnych obecnych w neotropikalnych osach i pająkach.

W pierwszej części pracy badano neurotoksyczność surowego żądła osy społecznej *P. occidentalis*. Stwierdzono wówczas, że surowe użądlenie wywołuje drgawki konwulsyjne i śmierć. Tak silnego efektu neurotoksycznego nie zaobserwowano jednak po denaturacji lub ultrafiltracji (<3000 Da) żądła. Zaobserwowano, że przy dawce 60 pg/pl surowej marihuany wszystkie zwierzęta dostały drgawek i padły. Z kolei denaturat marihuany nie indukował zachowań prokursywnych, nawet w wysokich dawkach (100 pg/pl). Wyniki te wskazują, że występowanie napadów drgawkowych indukowanych przez surowy ekstrakt związane jest z obecnością związków wielkocząsteczkowych (enzymów lub innych białek), które traciły swoją aktywność po denaturacji lub były zatrzymywane w procesie ultrafiltracji.

W porównaniu z dwoma innymi gatunkami tego samego rodzaju, *Polybia occidentalis* wykazała najniższy udział białka w gruczole (59 % zawartości białka). Wstrzyknięte i.c.v. surowe małe części os *Polybia occidentalis, P. ignobilis* i *P. paulista* wywołały podobne efekty neurotoksyczne, z wartościami LD50 wynoszącymi odpowiednio 30, 27 i 39 pg/pl (Mortari i *in.*, 2005) (Tabela 12). Zaobserwowano, że ze względu na mniejszą ilość białka w gruczole *P. occidentalis,* liczba gruczołów potrzebnych do wywołania LD50 była wyższa (3,6 gruczołu/mysz).

Tabela 12: Zawartość białka i LD50 w małych larwach trzech os społecznych z rodzaju *Polybia* (Mortari i *in.,* 2005).

Gatunek	mg białka/ dławik	mg bułki tartej/ dławik	DLso (Pg/Pl)	DLso (nr gruczołu/myszy)
P.	0.017	0.029	30	3.6
P. ignobilis	0.044	0.045	27	1.8

P. paulista	0.031	0.035	39	3.36

W odniesieniu do analizy behawioralnej po wstrzyknięciu surowej osy zaobserwowano hamujący wpływ na ogólną aktywność zwierząt, z zachowaniami prokursywnymi i drgawkami rozpoczynającymi się 45 min po podaniu. Podobne efekty uzyskano w przypadku larw os *P. ignobilis* przez Cunha i in. Autorzy zaobserwowali drgawki konwulsyjne około 45 min po wstrzyknięciu surowego ziela, a przy dawce 0,2 mg/szczura zaobserwowano spadek zachowań eksploracyjnych i wzrost aktywności (Cunha i *in.*, 2005). Po procesie denaturacji, mały (PoDv) był również testowany i.c.v., obserwowano silne działanie hamujące, reprezentowane przez spadek ogólnej aktywności szczura. Zaobserwowano silną redukcję czasu spędzonego na zachowaniach eksploracyjnych, samooczyszczających i podnoszących, a także spadek spontanicznej aktywności lokomotorycznej, co wskazuje na silny odwracalny i zależny od dawki efekt neurodepresyjny.

Wyniki te wykazały, że zarówno surowe, jak i denaturowane ryby początkowo wywierały hamujący wpływ na ogólną aktywność szczurów, prawdopodobnie spowodowany przez związki o niższej masie cząsteczkowej, które pozostawały aktywne nawet po procesie denaturacji.

Poza badaniami z osami społecznymi, podobne dane uzyskali również Corona i wsp. (2003), analizując działanie peptydu C119, wyekstrahowanego z jadu skorpiona *Centruroides Hmpidus*. Autorzy ci opisali silny efekt neurodepresyjny na spontaniczną aktywność lokomotoryczną, jak również coto na zapisach elektroencefalograficznych u szczurów. Co więcej, po leczeniu tym peptydem odnotowano wyraźny efekt przeciwdrgawkowy (Corona et *al.*, 2003).

W teście indukcji drgawek zdenaturowany peptyd *P. occidentalis* wywierał wyraźny efekt przeciwdrgawkowy w stosunku do drgawek indukowanych przez DC97 chemicznych środków drgawkowych. Stwierdzono zróżnicowaną skuteczność PoDv w zwalczaniu napadów wywołanych różnymi środkami konwulsyjnymi. Uzyskane wartości DE50 wykazały, że PoDv był najbardziej skuteczny w zwalczaniu drgawek indukowanych kwasem kainowym, następnie bikuliną i pikrotoksyną, a mniej aktywny wobec PTZ. Dodatkowo, w grupach zwierząt, u których obserwowano występowanie drgawek, odnotowano wydłużenie latencji dla o początku drgawek.

PoDv był również badany u szczurów poddanych testowi wydajności rotaroda w celu sprawdzenia wpływu na koordynację ruchową lub indukcję ataksji u leczonych zwierząt. Zastosowane dawki nie spowodowały zmian w trwałości szczurów na rotarodzie, wykazując, że dawki skuteczne w blokowaniu napadów nie powodują poważnego upośledzenia ruchowego.

Kilku autorów donosiło o obecności wolnych aminokwasów w osach (Jackson i Usherwood, 1988; Jackson i Parks, 1990; Harsch i in., 1998). Za efekt przeciwdrgawkowy PoDv mogłyby więc odpowiadać te aminokwasy, zwłaszcza o GABA. Aby wykluczyć tę hipotezę, oznaczono główne wolne aminokwasy występujące w małych stawonogach.

W tym sensie dawki aminokwasów wykazały, że ilość GABA obecna u małego zwierzęcia jest znacznie niższa niż ta, która jest potrzebna do zablokowania napadów. Według Salazar i Tapia (2001) do zablokowania drgawek wywołanych chemicznymi środkami konwulsyjnymi (PTZ) potrzebne jest 200 nmol GABA podanego i.c.v.. Ilość GABA w zdenaturowanym osadzie wynosiła 0,027 nmol/pg, co jest równoważne 10 nmol GABA wstrzykniętego przy najwyższej dawce PoDv użytej w badaniach. Ta ilość GABA jest około 20 razy mniejsza niż ilość potrzebna do zablokowania napadów. Dlatego stwierdza się, że efekt przeciwdrgawkowy nie był wywołany ilością GABA w małej próbie.

W kolejnym etapie pracy przeprowadzono biogeniczną izolację związków małocząsteczkowych (<3000 Da) za pomocą HPLC. Ze względu na małą dostępność, frakcje wyizolowane metodą HPLC nie były analizowane wobec wszystkich prë badanych środków drgawkowych z PoDv, a wybrano kwas kainowy, gdyż PoDv był bardziej skuteczny w blokowaniu drgawek indukowanych tym środkiem drgawkowym.

W fazie testowania tych frakcji (PoTx) stwierdzono istotne działanie przeciwdrgawkowe PoTx-6 wobec uogólnionych napadów toniczno-klonicznych indukowanych kwasem kainowym. Podobnie jak w przypadku PoDv, PoTx-6 powodował również wydłużenie latencji do wystąpienia napadu u zwierząt, które nie miały pełnej ochrony. W drugim etapie izolacji otrzymano dwa związki o nazwach: Occidentalin-1202 i Occidentalin- 997. Tylko pierwszy związek był skuteczny w blokowaniu drgawek, z DE50 3,5 razy silniejszym niż dwa związki neuroaktywne. Zaobserwowano również, że w niskich stężeniach, w których nie ma ochrony przed napadami, latencja wystąpienia napadu jest zwiększona.

Wyniki uzyskane w niniejszej pracy wykazały, że peptyd OcTx-1202 wykazuje zależne od dawki działanie przeciwdrgawkowe. Porównując OcTx-1202 z peptydami przeciwdrgawkowymi wyizolowanymi z jadu konusa (konotoksynami), stwierdzono, że wyizolowany w niniejszej pracy peptyd o

(DE50 = 1.26 nmol/szczura) oraz około 12 razy mniej aktywna niż Conanthocin-R (DE50 = 0,10 nmol/szczura) i 26 razy mniej aktywna niż Conanthocin-G (DE50 = 0,049 nmol/szczura) w teście indukcji kryzysu PTZ u szczurów (Armstrong *i in*, 1998; White et *al.*, 2000).

Chociaż o peptyd wykazuje niższą aktywność w porównaniu z konotoksynami, porównania z poliaminami wyizolowanymi z jadu pająka wykazują, że o peptyd OcTX-1202 (DE100 = 3 pg/mysz) jest 1,6 razy bardziej aktywny niż JSTX (4,7 nmol/mysz) (Himi *i in*, 1990) i około 7 razy bardziej aktywny niż o analog JSTX, 1-NA-SPM (20 pg/rat) w teście indukcji drgawek przez agonistów glutamatergicznych u szczurów (Kanai i *in.*, 1992).

Ustalono sekwencję aminokwasową wyizolowanego peptydu OcTx-1202, którą tworzy 9 reszt aminokwasowych: Glu-Gln-Tyr- Met-Val-Ala-Phe-Trp-Met-NH2. Peptyd ten zawiera 6 aminokwasów z grupami niepolarnymi, 2 aminokwasy z nienaładowanymi grupami polarnymi (Tyr i Gin) oraz 1 aminokwas naładowany ujemnie (Glu). Analiza i porównanie z danymi literaturowymi oraz danymi w *Protein Data Bank* (http://www.rcsb.org/pdb/; Berman *i in.*, 2002) nie wykazała peptydów o sekwencji podobnej do OcTx-1202.

Działanie przeciwdrgawkowe Occidentalinu-1202 oceniano po indukcji drgawek dwoma środkami drgawkowymi: kwasem kainowym i PTZ. Podobnie jak w przypadku peptydu zdenaturowanego, OcTx-1202 okazał się bardziej skuteczny w blokowaniu napadów wywołanych kwasem kainowym, przy czym DE50 był 8,3 razy niższy niż w przypadku o PTZ.

Neurotransmisja pobudzająca u ssaków jest pośredniczona głównie przez L-glu (Fonnum, 1984; Watkins, 2000). Ten neuroprzekaźnik działa na trzy typy receptorów jonotropowych: NMDA, AMPA i kainianowe (Watkins, 2000). Kwas kainowy jest agonistą receptorów glutaminianowych typu kainianowego/AMPA, a podany i.c.v. powoduje wyścigi i uogólnione napady toniczno-kloniczne (De De Deyn et *al.*, 1992). Napady wywołane tym związkiem zostały po raz pierwszy zaproponowane przez Bem-Ari (1985) jako model, mający szczególne znaczenie w wyborze leków przeciwdrgawkowych skutecznych w zwalczaniu złożonych napadów częściowych oraz w leczeniu padaczki płata skroniowego u ludzi (Ben-Ari, 1985; Sperk, 1994).

Dlatego też przeciwko napadom wywołanym przez kwas kainowy testowano kilka DAE, które skutecznie blokowały te napady: fenobarbital, midazolam, klonazepam i kwas walproinowy. DAE te nie wykazują jednak aktywności wobec napadów wywołanych aktywacją receptorów L-glu NMDA. (Turski i *in.*, 1990; De De Deyn *i in.*, 1992). Benzodiazepiny, w tym

82

o klonazepam i o midazolam, wiążą się ze specyficznym miejscem, podjednostką a, receptora GABAᴀ (MacDonald & Kelly, 1995). Wiązanie to powoduje allosteryczną aktywację receptora, zwiększając częstotliwość otwartych kanałów Cl-, bez wpływu na czas trwania otwartego kanału lub przewodnictwo kanału (Barker & Mathers, 1981; Kwan et al., 2001). Podobnie, o fenobarbital również allosterycznie aktywuje receptor GABAᴀ, i w przeciwieństwie do benzodiazepin, o fenobarbital aktywuje receptory GABAergiczne przy braku GABA (MacDonald i *in.*, 1989; Twyman *i in.*, 1989). Z kolei kwas walproinowy ma szerokie spektrum i wiele mechanizmów działania, a jego podstawowym działaniem jest zwiększanie hamującej neurotransmisji (Turski i *in.*, 1990).

Istnieją również leki AED, które są nieskuteczne w blokowaniu napadów wywołanych przez kwas kainowy, głównie te, które prezentują coтo podstawowy mechanizm o blokowaniu kanałów sodowych zależnych od napięcia, coтo karbamazepina i fenytoina (Courtney & Etter, 1983; De De Deyn et al., *1992;* Tunnicliff, 1996; Kwan et al., 2001).

Liczne dane wskazują, że leki działające na przekaźnictwo GABAergiczne lub antagoniści receptorów L-glu AMPA/kinian są skuteczne u zwierząt poddanych modelowi napadów wywołanych kwasem kainowym (Turski i wsp. 1990; Velisek i *wsp.*, 1992; Yamashita i *wsp.*, 2004a; 2004b).

Z kolei aktywność przeciwdrgawkowa w teście indukcji napadów PTZ wstrzykiwanym podskórnie identyfikuje związki skuteczne w terapii napadów mioklonicznych lub nieobecności, będąc najczęściej stosowanym modelem do poszukiwania związków przeciwdrgawkowych (Loscher & Schmidt, 1988). OTC PTZ jest niekompetycyjnym antagonistą receptorów GABA i po systemowym wstrzyknięciu wywołuje uogólnione napady kloniczne i kloniczno-toniczne (Olsen, 1981). Wśród konwencjonalnych AED etosuksymid, kwas walproinowy, fenobarbital i benzodiazepiny są skuteczne w blokowaniu napadów wywołanych PTZ, podczas gdy karbamazepina i fenytoina są nieskuteczne lub prokonwulsyjne (De De Deyn *etal.,* 1992).

OcTx-1202 blokował napady wywołane zarówno przez kwas kainowy, jak i PTZ. Nie przeprowadzono eksperymentów oceniających mechanizm działania tego neuroaktywnego związku. Można jednak sugerować, że ze względu na działanie w tych dwóch modelach indukcji napadów, OcTx-1202 nie działałby wyłącznie na zasadzie blokowania kanałów sodowych zależnych od napięcia lub poprzez antagonizm receptorów i-glu NMDA.

5.2 - Działanie antynocyceptywne

Poza działaniem przeciwdrgawkowym, denaturat marihuany wywoływał również silny efekt antynocyceptywny po podaniu i.c.v. Efekt ten obserwowano po 20 i 30 minutach, a ponownie pojawił się po 60 minutach od podania. Po dwóch etapach chromatografii wyizolowano związek o, który wykazywał działanie antynocyceptywne.

Wyizolowany i zidentyfikowany peptyd należy do klasy neurokinin i został już wcześniej opisany i nazwany Thr6-Bradicinin. Po raz pierwszy cząsteczka ta została opisana 30 lat temu u małej osy towarzyskiej *Polistes rothneyi iwatai* (Watanabe *i in.*, 1976), a następnie opisana w jadzie osy samotnicy *Megascolia flavifrons* (Yasuhara i in., 1987).

Dotychczas kilka neurokinin zostało wyizolowanych z małych os społecznych *(Paravespula* i *Polistes)*, os samotników (Scoliid, Tiphiid, Mutiliid), niektórych gatunków mrówek (Yasuhara i in., 1987; Placek, 1987; Placek, 1990; Placek i in., 1993), pająków (Ferreira i in., 1998) i żab (Chen *i in.*, 2002). Jednak niniejsze badania są pierwszym opisem obecności Thr6-Bradycyny w jadzie os społecznych z rodzaju *Polybia.*

Neurokinina Thr6-BK jest małym peptydem utworzonym przez 9 reszt aminokwasowych Arg-Pro-Pro-Gly-Phe-Thr-Pro-Phe-Arg-OH, który wykazuje wysoką homologię z bradykininą (BK), z wyjątkiem zastąpienia Ser w BK przez Thr w Thr6-BK w pozycji 6 i w rezultacie niewielkich modyfikacji w jej strukturach drugorzędowych (Pellegrini *i in.*, 1997). Thr6-BK prezentuje strukturę drugorzędową z *in turn*, wynikającą z wymiany aminokwasu w pozycji 6. Ta pojedyncza substytucja oferuje większą stabilność konformacyjną, ponieważ występuje w regionie, który definiuje o |3-spin w części C-końcowej. Ta modyfikacja w regionie |3-gyr została wskazana jako odpowiedzialna za zwiększone powinowactwo do receptora B2 i siłę działania Thr6-BK w stosunku do BK, w badaniach in *vitro* (Pellegrini et al., 1997; Pellegrini & Mierke, 1997).

Dane z niniejszego badania pokazują, że Thr^-BK wykazuje silny efekt antynocyceptywny, gdy jest wstrzykiwany bezpośrednio do OUN szczurów, w testach *hot-plate* i *tail-flick. Natomiast* indeks antynocycepcji i pola pod krzywą (AUC) były wyższe w teście *uścisku ogona,* różnica ta była obserwowana dla wszystkich badanych związków (Thr6-BK, BK i morfina). Thr6-BK, BK i morfina wywierały działanie antynocyceptywne w sposób zależny od dawki i czasu, choć wykazywały różnice w czasie do początku działania i w odwracaniu efektu.

Wiele badań wykazało wpływ BK i jego metabolitów w mózgu

ssaków, ujawniając, że cząsteczki te uczestniczą w wielu aspektach regulacji neuronalnej. Rzeczywiście, po mikroiniekcji bezpośrednio do OUN w komorze bocznej lub w różnych miejscach w mózgu, BK wywołuje różne efekty, takie jak uspokojenie i katatonię, wyczerpanie noradrenaliny, hipertermię, nadciśnienie, uwalnianie hormonu antydiuretycznego i efekty przeciwdrgawkowe (Da Silva & Rocha e Silva, 1971; Graeff et al., 1971; Pela et al., 1996; Couto et al., 1998).

Działanie antynocyceptywne BK po wstrzyknięciu do OUN było również opisywane przez różnych autorów (Laneuville & Couture, 1987; Laneuville et al., 1989; Pela et al., 1996; Couto et al., 1998). Wykazano, że efekt ten jest niezależny od innych parametrów wegetatywnych, сото ciśnienie krwi (Couto *et al.*, 1998). Wyniki uzyskane w tym badaniu potwierdzają wcześniejsze badania wykazujące, że BK wywołuje zależny od dawki efekt antynocyceptywny po mikroiniekcji do komory bocznej u szczurów (Couto *i in.*, 1998).

Badania skupiające się na neuronalnych efektach BK są niezwykle ważne w badaniach nad bólem, ponieważ BK i jego analogi odgrywają kluczową rolę w transmisji bólu (Millan, 1999). Co więcej, receptory BK zostały znalezione w różnych miejscach w mózgu, a badania radio-ligandowe wskazują na niską ekspresję receptorów Bi, ale szeroką dystrybucję receptorów B2 w mózgu ssaków (Ongali i *in.*, 2003). BK i jego metabolity oddziałują z dwoma podtypami receptorów sprzężonych z białkami G. BK aktywuje receptory typu B2, podczas gdy jego metabolit Lys-des-Arg9-BK, otrzymany w wyniku rozszczepienia przez endopeptydazy, aktywuje receptory typu B (Calixto i *in.*, 2000; Leeb- Lundberg i *in.*, 2005).

Badania farmakologiczne wskazują, że aktywacja receptorów B2 przez BK pośredniczy w uwalnianiu noradrenaliny we włóknach opuszkowordzeniowych (Laneuville i *in.*, 1989), jak również we włóknach *locus coeruleus* (Couto i *in.*, 2006). W rzeczywistości efekt antynocyceptywny wywołany przez BK jest blokowany przez fentolaminę i idazoksan (antagonistów adrenoreceptorów podtypu *0,2), u* także przez odnerwienie noradrenergiczne za pomocą 6-hydroksydopaminy (6-OHDA). Według Laneuville'a i wsp. (1989) podanie BK zwiększa neurotransmisję noradrenergiczną poprzez działanie presynaptyczne za pośrednictwem receptorów B2 zlokalizowanych w opuszkowych włóknach noradrenergicznych.

Mechanizm działania neurokinin osy w OUN jest nadal badany. Jednakże Piek i wsp. (1990) wykazali, że Thr6-BK jest 10 razy silniejszy niż BK w blokowaniu transmisji cholinergicznej, gdy był testowany w OUN owadów. W tym przypadku, o blokada jest przypisana do wyczerpania uwalniania acetylocholiny z powodu blokady wychwytu choliny, podobny efekt obserwuje się, gdy o hemicolinium-3, klasyczny inhibitor wychwytu choliny, jest używany (Watanabe et *al.*, 1976; Hue & Piek, 1989; Piek et al., 1993).

W celu weryfikacji wpływu Thr6-BK na OUN ssaków przeprowadzono testy wychwytu choliny w synaptosomach kory mózgowej szczura. Nie zaobserwowano natomiast aktywności w blokowaniu wychwytu tego neuroprzekaźnika po podaniu Thr6-BK i podobnie po leczeniu BK.

W odniesieniu do mechanizmu działania Thr6-BK zaobserwowano, że oselektywny antagonista receptora B2 D-Arg0 odwraca efekt antynocyceptywny wywołany przez Thr6-BK i BK we wszystkich badanych okresach. Wyniki te są podobne do tych uzyskanych przez Pela et *al.* (1996). Autorzy ci zaobserwowali, że antagonista B2 odwraca indukowany przez BK efekt antynocyceptywny obserwowany w teście odruchu otwierania szczęk, wywołanego elektryczną stymulacją miazgi zęba.

W teście z jednoczesnym podawaniem antagonisty B2 i Thr6-BK stwierdzono całkowite odwrócenie efektu antynocyceptywnego, co wskazuje na udział receptorów B2 w działaniu Thr6-BK.

Ponadto zaobserwowano różnice w początku i sile działania pomiędzy Thr6-BK i BK, prawdopodobnie w wyniku interakcji struktury drugorzędowej z miejscem wiązania receptora B2. Stabilniejsza konformacja może również utrudniać działanie endopeptydaz i utrzymywać Thr6-BK w stanie nienaruszonym przez dłuższy czas (Pellegrini i Mierke, 1997).

Na podstawie tych wyników można stwierdzić, że Thr6-BK wywołuje silny efekt antynocyceptywny po podaniu i.c.v., a efekt ten jest prawdopodobnie spowodowany aktywacją receptorów B2. Badanie interakcji BK i jego analogów w OUN ssaków jest ważne dla badania neurotransmisji i modulacji bólu.

Wreszcie, badania związków neuroaktywnych o niskiej masie cząsteczkowej wyizolowanych z jelita cienkiego osy *P. occidentalis* wykazały obecność peptydów, które potencjalnie mogą być wykorzystane jako narzędzia w badaniach transmisji nerwowej oraz w bioprospekcji nowych leków do leczenia chorób neurologicznych.

Noite estrelada   Van Gogh

6. - WNIOSKI

Mała osa towarzyska *P. occidentalis* prezentuje arsenał niskocząsteczkowych cząsteczek bioaktywnych, w szczególności peptydów o powinowactwie do OUN ssaków.

Zidentyfikowane w niniejszej pracy neuroaktywne peptydy mają duży potencjał do wykorzystania jako narzędzia w badaniach nad przekaźnictwem nerwowym i/lub w bioprospekcji nowych leków modelowych do leczenia padaczki.

Biologicznie wspomagana izolacja i zastosowanie technik spektrometrii mas pozwoliły na oczyszczenie i identyfikację dwóch neuroaktywnych peptydów Occidentalin-1202 i Thr6-bradicinin.

Przeciwdrgawkowy peptyd Occidentalin-1202 (Glu-Gln-Tyr- Met-Val-Ala-Phe-Trp-Met-NH2) okazał się skuteczny w blokowaniu drgawek wywołanych przez kwas kainowy i PTZ, przy czym DE50 był 8,3 razy niższy przy podawaniu przeciwko kwasowi kainowemu niż ten obserwowany przeciwko PTZ.

Thr6-BK (Arg-Pro-Gly-Phe-Thr-Pro-Phe-Arg-OH) wykazał silny efekt antynocyceptywny po podaniu bezpośrednio do OUN szczurów w testach: *hot-plate* i *tail-flick*.

Efekt antynocyceptywny wywołany przez Thr6-BK jest prawdopodobnie spowodowany aktywacją receptorów B2 i okazał się około dwa razy silniejszy w porównaniu z bradykininą i morfiną. Dane uzyskane w doświadczeniach z wychwytem (^{14C})-choliny w OUN szczurów nie potwierdzają danych literaturowych opisujących efekt hamowania wychwytu choliny przez Thr6-BK w OUN owadów.

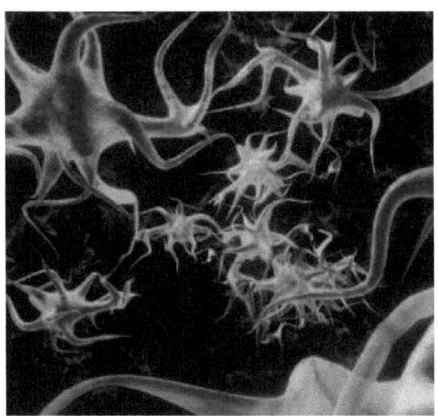

www.bitspin.net

7. - ODNIESIENIA BIBLIOGRAFICZNE

Andersen, K.E., Lau, J., Lundt, B.F., Petersen, H., Huusfeldt, P.O., Suzdak, P.D. & Swedberg, M.D. (2001). Synteza nowych inhibitorów wychwytu GABA. Part 6: preparation and evaluation of N-Omega asymmetrically substituted nipecotic acid derivatives. Bioorg Med Chem 9(11): 2773-85.

APS. (2000). Zasady przewodnie dla badań z udziałem zwierząt i ludzi www.the-aps.org. Oparte na zasadach sformułowanych w 1909 roku przez Waltera B. Cannona. Rada APS po raz pierwszy przyjęła Wytyczne w 1953 roku. Ostatnia rewizja zatwierdzona w lipcu 2000 roku.

Armstrong, H., Zhou, L., Layer, R., Nielson, J., McCabe, R.T. & White, H.S. (1998). Anticonvulsant profile of Conantokin-G: a novel, broad-spectrum NMDA antagonist. Epilepsia 39 (S6): 39.

Ashburn, M.A. & Staats, P.S. (1999). Leczenie bólu przewlekłego. Lancet 353(9167): 1865-9.

Barchi, R.L. (1998). Mutacje kanałów jonowych wpływające na mięśnic i mózg. Curr Opin Neurol 11(5): 461-8.

Barker, J.L. & Mathers, D.A. (1981). Analogi GABA aktywują kanały o różnym czasie trwania na hodowanych neuronach rdzeniowych myszy. Science 212(4492): 358-61.

Basbaum, A.I. & Fields, H.L. (1984). Endogenne systemy kontroli bólu: drogi rdzeniowe pnia mózgu i obwody endorfinowe. Annu Rev Neurosci 7: 309-38.

Beleboni, R.O., Pizzo, A.B., Fontana, A.C.K., Carolino, R.O.G., Coutinho-Netto,

J. & Santos, W.F. (2004a). Spider and wasp neurotoxins: pharmacological and biochemical aspects. Eur J Pharmcol 493: 1-17.

Beleboni, R.O., Carolino, R.O., Pizzo, A.B., Castellan-Baldan, L., Coutinho-Netto, J., Santos, W.F. & Coimbra, N.C. (2004b). Farmakologiczne i biochemiczne aspekty neurotransmisji GABAergicznej: patologiczne i neuropsychobiologiczne relacje. Cell Mol Neurobiol 24: 707-28.

Beleboni, R.O., Guizzo, R., Fontana, A.C., Pizzo, A.B., Carolino, R.O., Gobbo-Neto, L., Lopes, N.P., Coutinho-Netto, J. & Santos, W.F. (2006). Neurochemical characterization of a neuroprotective compound from *Parawixia bistriata* spider venom that inhibits synaptosomal uptake of GABA and glycine. Mol Pharmacol 69(6):1998-2006.

Ben-Ari, Y. (1985). Napady limbiczne i uszkodzenia mózgu wywołane przez kwas kainowy: mechanizmy i znaczenie dla ludzkiej padaczki płata skroniowego. Neuroscience 14(2): 375-403.

Bennett, G.J. (2000). Wprowadzenie do specjalnej serii przeglądowej: eksperymentalne postępy w zrozumieniu bólu nowotworowego. Pain Med 1(4): 295.

Bergin, A.M. & Connolly, M. (2002). New antiepileptic drug therapies. Neurol Clin 20: 1163-1182.

Berman, H.M., Battistuz, T., Bhat, T.N., Bluhm, W.F., Bourne, P.E., Burkhardt, K., Feng, Z., Gilliland, G.L., Iype, L., Jain, S., Fagan, P., Marvin, J., Padilla, D., Ravichandran, V., Schneider, B., Thanki, N., Weissig, H., Westbrook, J.D., Zardecki, C. (2002). The Protein Data Bank. Acta Crystallogr D Biol Crystallogr 58(Pt 6 No 1): 899-907.

Blackburn-Munro, G., Bornholt, S.F. & Erichsen, H.K. (2004). Behawioralne efekty nowego antagonisty selektywnego receptora AMPA/GluR5 NS1209 po podaniu ogólnoustrojowym w zwierzęcych modelach bólu doświadczalnego. Neuropharmacology 47: 351-362.

Blagbrough, I.S., Moya, E. & Taylor, S. (1994). Polyamines and polyamine amides from wasps and spiders. Biochem Soc Trans 22(4): 888-93.

Blum, D.E. (1998). Nowe leki dla osób z padaczką. Adv Neurol 76: 57-81.

Briggs, C.A. & Cooper, J.R. (1981). A synaptosomal preparation from the guinea pig ileum myenteric plexus. J Neurochem 36(3): 1097-108.

Cairrao, M.A.R., Ribeiro, A.M., Pizzo, A.B., Fontana, A.C.K., Beleboni, R.O., Coutinho-Neto, J., Miranda, A. & Santos, W.F. (2002). Anticonvulsant and GABA uptake inhibition properties of *P. bistriata* and *S. raptoria* spider venom fractions. Pharm Biol 40: 472-477.

Calabresi, P, Centonze D, Pisani A, Cupini L & Bernardi G. (2003). Synaptic plasticity in the ischaemic brain. Lancet Neurol 2(10): 622-9.

Calixto, J.B., Cabrini, D.A., Ferreira, J. & Campos, M.M. (2000). Kininy w bólu i zapaleniu. Ból 87(1): 1-5.

CBD - Konwencja o różnorodności biologicznej. (2006). Ministerio das Rela^oes Exteriores/Ministerio do Meio Ambiente. http://www.cdb.gov.br.

Chen, T., Orr, D.F., Bjourson, A.J., McClean, S., O'Rourke, M., Hirst, D.G., Rao, P. & Shaw, C. (2002). Novel bradykinins and their precursor cDNAs from European yellow-bellied toad (Bombina variegata) skin. Eur J Biochem 269(18): 4693-700.

Cobea. (1991). Principios Eticos na Experimenta^ao Animal. Colegio Brasileiro de Experimenta^ao Animal/Cobea, http://www.cobea.org.br/etica.htm#3

Corona, M., Coronas, F.V., Merino, E., Becerril, B., Gutierrez, R., Rebolledo-Antunez, S., Garcia, D. E. & Possani, L. D. (2003). A novel class of peptide found in scorpion venom with neurodepressant effects in peripheral and central nervous system of the rat. Biochim et Biophys Acta 1649: 58-67.

Courtney, K.R. & Etter, E.F. (1983). Modulowany blok przeciwdrgawkowy kanałów sodowych w nerwach i mięśniach. Eur J Pharmacol 88(1): 1-9.

Couto, L.B., Correa, F.M.A. & Pela, I.R. (1998). Bradykinin in szczur, brain sites involved in the antinociceptive effect of bradykinin in rats. Br J Pharmacol 125: 15781584.

Couto, L.B., Moroni, C.R., dos Reis Ferreira, C.M., Elias-Filho, D.H., Parada, C.A., Pela, I.R. & Coimbra, N.C. (2006). Opisowa i funkcjonalna neuroanatomia neuronów zawierających noradrenalinę w locus coeruleus, zaangażowanych w antynocycepcję wywołaną bradykininą w głównym czuciowym jądrze trójdzielnym. J Chem Neuroanat 32(1): 28-45.

Croucher, M.J., Collins, J.F. & Meldrum, B.S. (1982). Antykonwulsyjne działanie antagonistów aminokwasów pobudzających. Science 216: 899-901.

Cunha, A.O., Mortari, M.R., Oliveira, L., Carolino, R.O., Coutinho-Netto, J. & Santos, W.F. (2005). Anticonvulsant effects of the wasp Polybia ignobilis venom on chemically induced seizures and action on GABA and glutamate receptors. Comp Biochem Physiol C Toxicol Pharmacol 141: 50-7.

Decker, M.W. & Meyer, M.D. (1999). Therapeutic potential of neuronal nicotinic acetylcholine receptor agonists as novel analgesics. Biochem Pharmacol 58(6): 917-23.

De Deyn, P.P., D'Hooge, R., Marescau, B. & Pei, Y.Q. (1992). Chemical models of epilepsy with some reference to their aplicability in the development of aniconvulsants. Epilepsy Res 12: 87-110.

Dichter, M.A. (1998). Mechanisms of action of new antiepileptic drugs. Adv Neurol 76: 1-9.

Dickenson, A.H. (1997). Plastyczność: implikacje dla interwencji opioidowych i innych farmakologicznych w specyficznych stanach bólowych. Behav Brain Sci 20(3): 392-403.

Eldefrawi, A.T., Eldefrawi, M.E., Konno, K., Mansour, N.A., Nakanishi, K., Oltz, E. & Usherwood, P.N. (1988). Structure and synthesis of a potent glutamate receptor antagonist in wasp venom. Proc Natl Acad Sci 85(13): 4910-3.

Escoubas, P., De Weille, J.R., Lecoq, A., Diochot, S., Waldmann, R., Champigny, G., Moinier, D., Menez, A. & Lazdunski, M. (2000). Isolation of a tarantula toxin specific for a class of proton-gated Na+ channels. J Biol Chem 275(33): 25116-21.

Ferreira, L.A., Lucas, S.M., Alves, E.W., Hermann, V.V., Reichl, A.P., Habermehl, G. & Zingali, R.B. (1998). Isolation, characterization and biological properties of two kinin-like peptides (peptide-S and peptide-r) from Scaptocosa raptoria venom. Toxicon 36(1): 31-9.

Fields, H.L. & Basbaum, A.I. (1999). Mechanizm modulacji bólu w ośrodkowym układzie nerwowym. In: Wall, P.D.; Melzack, R.(eds). Textbook of pain. 4 th ed., Ediburgh, Churchill Livingstone, p.243-257.

de Figueiredo, S.G., de Lima, M.E., Nascimento Cordeiro, M., Diniz, C.R., Patten, D., Halliwell, R.F., Gilroy, J. & Richardson, M. (2001). Purification and amino acid sequence of a highly insecticidal toxin from the venom of the brazilian spider Phoneutria nigriventer which inhibits NMDA-evoked currents in rat hippocampal neurones. Toxicon 39(2-3): 309-17.

Finney, D.J. (1971). Analiza probitowa. 3vd. Edition. Cambridge University Press. Pp 368.

Fonnum, F. (1984). Glutaminian: neurotransmiter w mózgu ssaków. J Neurochem 42: 1-11.

Fontana, A.C., Guizzo, R., de Oliveira, R., Beleboni, R., Meirelles e Silva, A.R., Coimbra, N,C., Amara, S.G., dos Santos, W.F. & Coutinho-Netto, J. (2003). Oczyszczanie neuroprotekcyjnego składnika jadu pająka Parawixia bistriata, który zwiększa wychwyt glutaminianu sodu. Br J Pharmacol 139(7): 1297-309.

Gobbi, N., Machado, V.L.L. & Tavarez Filho, J.A.. (1984). Sezonowość ofiar wykorzystywanych w żerowaniu Polybioa occidentalis occidentalis

(Olivier, 1791). Annais da SEB 13(1): 63-69.

Graeff, F.G., Pela, I.R. & Rocha e Silva, M. (1971). Behawioralne i somatyczne efekty bradykininy wstrzykiwanej do komór mózgowych nieznieczulonych królików. Br J Pharmacol 37: 723-732.

Gray, E.G. & Whittaker, V.P. (1962). The isolation of nerve endings from brain: an electron-microscopic study of cell fragments derived by homogenization and centrifugation. J Anat 96: 79-88.

Green, A.C., Nakanishi, K. & Usherwood, P.N.R. (1996). Polyamine amides are neuroprotective in cerebellar granulle cell cultures challenged with excitatory amino acids. Brain Res 717: 135-146.

Grishin, E.V., Volkova, T.M., Arseniev, A.S., Reshetova, O.S., Onoprienko, V.V., Magazanic, L.G., Antonov, S.M. & Fedorova, I.M. (1986). Structurefunctional characterization of argiopine - an ion channel blocker from the venom of spider *Argiope lobata*. Bioorg Khim 12: 1121-1124.

Guerrini, R. (2006). Padaczka u dzieci. Lancet 367: 499-524.

Harsch, A., Konno, K., Takayama, H., Kawai, N. & Robinson, H. (1998). Effects of a-Pompilidotoxina on synchronized firing in networks of rat cortical neurons. Neuroscience Letters 252: 49-52.

Hartree, E.F. (1972). Determination of protein: a modification of the Lowry method that gives a linear photometric response. Anal Biochem 48: 422427.

Himi, T., Saito, H., Kawai, N. & Nakajima, T. (1990). Spider toxin (JSTX-3) hamuje drgawki wywołane przez agonistów glutaminianu. J Neural Transm Gen Sect 80(2): 95-104.

Hisada, M., Konno, K., Itagaki, Y., Naoki, H. & Nakajima, T. (2000). Advantages of using nested collision induced dissociation/post-source decay with matrix-assisted laser desorption/ionization time-of-flight mass spectrometry: sequencing of novel peptides from wasp venom. Rapid Commun Mass Spectrom 14(19): 1828-34.

Hue, B. & Placek, T. (1989). Irreversible presynaptic activation-induced block of transmission in the insect CNS by hemicolinium-3 and threonine6-bradykinin. Comp Biochem Physiol 93C: 87-89.

Huguenard, J. (2003). Neurotransmitter Supply and Demand in Epilepsy. Epilepsy Curr 3(2): 61-63.

IASP - Międzynarodowe Stowarzyszenie Badania Bólu. (1994). Classification of Chronic Pain, Second Edition, IASP Task Force on Taxonomy, edited by H. Merskey and N. Bogduk, IASP Press, Seattle, pp. 209-214. http://www.iasp-pain.org.

Jackson, H. & Parks, T.N. (1990). Anticonvulsivant działanie frakcji zawierającej arylaminy z jadu *pająka Agelenopsis*. Brain Research 526(2): 338-341.

Jackson, H.C. & Scheideler, M.A. (1996). Behavioural and anticonvulsant effects of Ca++ channel toxins in DBA/2 mice. Psychopharmacology 126(1): 85-90.

Jackson, H. & Usherwood, P.N.R. (1988). Spiders toxins as tools for dissecting elements of excitatory amino acid transmission. TINS 11: 278-283.

Jones, M.G. & Lodge, D. (1991). Comparison of some arthropod toxins and toxin fragments as antagonists of excitatory amino acid-induced excitation of rat spinal neurones. Eur J Pharmacol 204(2): 203-9.

Julius, D. & Basbaum, A.I. (2001). Molekularne mechanizmy nocycepcji. Nature 413(6852): 203-10.

Kanai, H., Ishida, N., Nakajima, T. & Kato, N. (1992). Analog of Joro spider toxin selectively suppresses hippocampal epileptic discharges induced by quisqualate. Brain Res 581(1): 161-4.

Karst, H., Joels, M., Wadman, W.J. & Piek, T. (1994). Philanthotoxin inhibits Ca++-currents in rat hippocampal CAI neurones. Eur J Pharmacol 270: 357-360.

Kawai, N., Miwa, A. & Abe, T. (1983). Specyficzny antagonizm receptora glutaminianu przez ekstrakt z jadu pająka *Araneus ventricosus*. Toxicon 21(3): 438-440.

Kawai, N., Miwa, A., Shimazaki, K., Sahara, Y., Robinson, H.P. & Nakajima, T. (1991). Spider toxin and the glutamate receptors. Comp Biochem Physiol C 98(1): 87-95.

Kim, J.I., Konishi, S., Iwai, H., Kohno, T., Gouda, H., Shimada, I., Sato, K. & Arata, Y. (1995). Three-dimensional solution structure of the calcium channel antagonist omega-agatoxin IVA: consensus molecular folding of calcium channel blockers. J Mol Biol 250(5): 659-71.

Kwan, P., Sills, G.J. & Brodie, M.J. (2001). The mechanisms of action of commonly used antiepileptic drugs. Pharmacol Ther 90(1): 21-34.

Laneuville, O. & Couture, R. (1987). Bradykinin analogue blocks bradykinin-induced inhibition of a spinal nociceptive reflex in the rat. Eur J Pharmacol 137(2-3): 281-5.

Laneuville, O., Reader, T.A. & Couture, R. (1989). Intrathecal bradykinin acts presynaptically on spinal noradrenergic terminals to produce antinociception in the rat. Eur J Pharmacol 159(3): 273-83.

LaRoche, S.M. & Helmers, S.L. (2004a). The new antiepileptic drugs: scientific review. JAMA 291(5): 605-14.

LaRoche, S.M. & Helmers, S.L. (2004b). The new antiepileptic drugs: clinical applications. JAMA 291(5): 615-20.

Leeb-Lundberg, L.M.F., Marceau, F., Muller-Esteri, W., Pettibone, D.J. & Zuraw, B.L. (2005). Internacional Union of pharmacology. XLV. Classification of the Kinin Receptor Family: from Molecular Mechanisms to Patophysiological Consequences. Pharmacol Rev 57: 27-77.

Levine, J.D., Fields, H.L. & Basbaum, A.I. (1993). Peptides and the primary afferent nociceptor. J Neurosci 13(6): 2273-86.

Lindroth, P. & Mopper, K. (1979). Wysokosprawna chromatografia cieczowa oznaczanie subpikomolowych ilości aminokwasów przez fluorescencyjną derywatyzację przedkolumnową z O-phtaldialdeyde. Ann Chem 51: 16671677.

Lowry, O.H., Rosenbrouch, N.J., Farr, A.L. & Randall, R.J. (1951). Protein measurement with the folin phenol reagent. J Biol Chem 193: 265-275.

Loscher, W. (1998). New visions in the pharmacology of anticonvulsion. Eur J Pharmacol 342: 1-13.

Loscher, W. (2002). Basic pharmacology ofvalproate: a review after 35 years of clinical use for the treatment of epilepsy. CNS Drugs 16(10):669-94.

Loscher, W. & Schmidt D. (1988). Wich animal models should be used in the search for new antiepileptic drugs? A proposal based on experimental and clinical considerations. Epilepsy Res 2(3): 145-181.

MacDonald, R.L., Rogers, C.J. & Twyman, R.E. (1989). Barbiturate regulacji właściwości kinetycznych kanału receptora GABAA neuronów rdzeniowych myszy w kulturze. J Physiol 417: 483-500.

MacDonald, R.L. & Kelly, K.M. (1995). Antiepileptic drug mechanisms of action. Epilepsia 36 Suppl 2: S2-12.

Mafra, R.A., Figueiredo, S.G., Diniz, C.R., Cordeiro, M.N., Cruz, J.D. & De Lima, M.E. (1999). PhTx4, a new class of toxins from *Phoneutria nigriventer* spider venom, inhibits the glutamate uptake in rat brain synaptosomes. Brain Res 831(1-2): 297-300.

Malcangio, M. & Bowery, N.G. (1996). GABA i jego receptory w rdzeniu kręgowym. Trends Pharmacol Sci 17(12): 457-62.

Malmberg, A.B. & Yaksh, T.L. (1994). Antinociception produced by spinal delivery of the S and R enantiomers of flurbiprofen in the formalin test. Eur J Pharmacol 256(2): 205-9.

McCleskey, E.W. & Gold, M.S. (1999). Kanały jonowe w nocycepcji. Annu Rev Physiol 61: 835-56.

McCormick, K.D. & Meinwald, J. (1993). Neurotoksyczne acylopoliaminy z jadów pająków. J Chem Ecol 19: 2411-2451.

McGivern, J.G. (2006). Targeting N-type and T-type calcium channels for the treatment of pain. Drug Discov Today 11(5-6): 245-53.

Meldrum, B.S. (1997). Identification and preclinical testing of novel antiepileptic compounds. Epilepsia 38(Suppl. 9): S7-S15.

Meldrum, B.S. (1999). Leki przeciwpadaczkowe nasilające działanie GABA. Electroencephalogr Clin Neurophysiol 50: 450-7.

Meldrum, H. & Garthwhite, J. (1990). Wzbudzające neurotoksyczność aminokwasów i choroby neurodegeneracyjne. Trends Pharmacol Sci 11: 379-387.

Mellor, I.R. & Usherwood, P.N.R. (2004). Targeting ionotropic receptors with polyamine-containing toxins. Toxicon 43: 493-508.

Millan, M.J. (1999). The induction of pain: an integrative review. Prog Neurobiol 57(1): 1-164.

Millan, M.J. (2002). Zstępująca kontrola bólu. Prog Neurobiol 66(6): 355-474.

Mintz, I.M., Venema, V.J., Swiderek, K.M., Lee, T.D., Bean, B.P. & Adams, M.E. (1992). P-type calcium channels blocked by the spider toxin omega-Aga-IVA. Nature 355(6363): 827-9.

Mitchell, J.M., Basbaum, A.I. & Fields, H.L. (2000). A locus and mechanism of action for associative morphine tolerance. Nat Neurosci 3(1): 47-53.

Mortari, M.R., Cunha, A.O.S., de Oliveira, L., Vieira, E.B., Gelfuso, E.A. & Santos, W.F. (2005). Comparative toxic effects of the venosm from three wasp species of the genus *Polybia* (Hymenoptera, Vespidae). Journal of Biological Sciences 5(4): 449-454.

Mortari, M.R., Cunha, A.O.S., Ferreira, L.B. & Santos, W.F. (2006). Neurotoksyny z bezkręgowców jako środki przeciwdrgawkowe: od badań podstawowych do zastosowania terapeutycznego. Pharmacology & Therapeutics, w *druku*.

Mueller, A.L., Artaman, L.D., Balandrin, M.F., Brady, E., Chien,Y., DelMar, E.G., Kierstead, A., Marriott, T.B., Moe, S.T., Raszkiewicz, J.L., VanWagenen, B. & Wells, D. (2000). NPS 1506, umiarkowanie powinowaty, niekonkurencyjny antagonista receptora NMDA: podsumowanie przedkliniczne i doświadczenia kliniczne. Amino Acids 19: 177-179.

Nebe, J., Vanegas, H., Neugebauer, V. & Schaible, H.G. (1997). Omega- agatoxin IVA, a P-type calcium channel antagonist, reduces nociceptive processing in spinal cord neurons with input from the inflamed but not from the normal knee joint an electrophysiological study in the rat in vivo. Eur J Neurosci 9(10): 2193-201.

Oliveira, L., Cunha, A.O.S., Mortari, M.R., Pizzo, A.B., Miranda, A., Coimbra, N.C. & Santos, W.F. (2005). Effects of microinjections of neurotoxin AvTx8, isolated from the social wasp *Agelaia vicina* (Hymenoptera; Vespidae) venom, on GABAergic nigrotectal pathways. Brain Res 1031(1): 74-81.

Oliveira, L.C., De Lima, M.E., Pimenta, A.M., Mansuelle, P., Rochat, H., Cordeiro, M.N., Richardson, M. & Figueiredo, S.G. (2003). PnTx4-3, a new insect toxin from *Phoneutria nigriventer* venom elicits the glutamate uptake inhibition exhibited by PhTx4 toxic fraction. Toxicon 42(7): 793800.

Olivera, B.M. (1997). Conus jad peptydów, receptorów i kanałów jonowych celów i projektowania leków: 50 milionów lat neurofarmakologii. Mol Biol Cell 8(11): 2101-9.

Olney, J.W., Labruyere, J., Wang, G., Wozniak, D.F., Price, M.T. & Sesma, M.A. (1991). Neurotoksyczność antagonistów NMDA: Mechanizm i zapobieganie. Science 254: 1515-1518.

Olsen, R.W. (1981). GABA postsynaptyczny błonowy kompleks receptorowo-jonoforowy. Miejsce działania leków drgawkowych i przeciwdrgawkowych. Mol Cell Biochem 39: 261-79.

Olsen, R.W. & Avoli, M. (1997). GABA i epileptogeneza. Epilepsja 38(4): 399-407.

Ongali, B., Campos, M.M., Bregola, G., Rodi, D., Regoli, D., Thibault, G., Simonato, M. & Couture, R. (2003). Autoradiographic analysis of rat brain kinin Bi and B2 receptors: normal distribution and alterations induced by epilepsy. J Comp Neurol 461(4): 506-19.

Painter, M.J., Scher, M.S., Stein, A.D., Armatti, S., Wang, Z., Gardiner, J.C., Paneth, N., Minnigh, B. & Alvin, J. (1999). Phenobarbital compared with phenytoin for the treatment of neonatal seizures. N Engl J Med 341: 48589.

Paxinos, G. & Watson C. (1986). The rat brain in stereotaxic coordinates. Academic Press. Wydanie drugie.

Pela, I.R., Rosa, A.L., Silva, C.A.A. & Huidobro-Toro, J.P. (1996). Central B2 receptor involvement in the antinociceptive effect of bradykinin in rats. Br JPharmacol 118: 1488-1492.

Pellegrini, M., Mammi, S., Peggion, F. & Mierke, D.F. (1997). Threonine6-bradykinin: structural characterization in the presence of micelles by nuclear magnetic resonance and distance geometry. J Med Chem 40: 9298.

Pellegrini, M. & Mierke, D.F. (1997). Threonine6-Bradykinina: symulacje dynamiki molekularnej w abifazowym mimetyku membranowym. J Med Chem 40: 99-104.

Placek, T. (1982). 6-Phylanthotoxin, a semi-irverversible blocker of ion channels. Comp Biochem Phisiol 72: 311-315.

Placek, T. (1991). Neurotoksyczne kininy z jadów os i mrówek. Toxicon 29(2): 139-149.

Piek, T., Hue, B., Le Corronc, H., Mantel, P., Gobbo, M. & Rocchi, R. (1987). Presynaptyczny blok transmisji w OUN owadów przez mono- i - diGalakozylowe analogi vespulakininy 1, toksyny jadu osy *(Paravespula maculifrons)*. Comp Biochem Physiol 105C(2): 189-196.

Piek, T., Hue, B., Mantel, P., Nakajima, T., Pelhate, M. & Yasuhara, T. (1990). Threonine6-bradykinin in the venom of the wasp *Colpa interrupta* (F.) presynaptically blocks nicotinic synaptic transmission in the insect CNS. Comp Biochem Physiol 96C: 157-162.

Placek, T., Hue, B., Le Corronc, H., Mantel, P., Gobbo, M. & Rocchi, R. (1993). Presynaptyczny blok transmisji w OUN owadów przez mono i digalaktozylowe analogi vespulakininy 1, neurotoksyny z jadu osy *(Paravespula maculifrons)*. Comp Biochem Phisiol 105C(2): 189-196.

Pimenta, A.M.C. & Lima M.E. (2005). Small peptides, big world: biotechnological potential in neglected bioactive peptides from arthropod venoms. J Pept Sci 11(11): 670-6.

Pinel, J.P. & Rovner, L.I. (1978). Experimental epileptogenesis; kindling-induced epilepsy in rats. Exp. Neurol. 58(2): 190-202.

Pizzo, A.B., Fontana, A.C.K., Coutinho-Netto, J. & Santos, W.F. (2000). Effects of the crude venom of the social wasp *Agelaia vicina* on 6-aminobutyric acid and glutamate uptake in synaptosomes from rat cerebral cortex. J Biochem Mol Toxicol 14(2): 88-94.

Pizzo, A.B., Beleboni, R.O., Fontana, A.C.K., Ribeiro, A.M., Miranda, A., Coutinho-Netto, J. & Santos, W.F. (2004). Characterization of the actions of AvTx7 isolated from *Agelaia vicina* (Hymenoptera: Vespidae) wasp venom on synaptosomal glutamate uptake and release. J Biochem Mol Toxicol 18(2): 61-8.

Pleuvry, B.J. & Lauretti, G.R. (1996). Biochemiczne aspekty bólu przewlekłego i jego związek z leczeniem. Pharmacol Ther 71(3): 313-24.

Prado, W.A. (2001). Involvement of calcium in pain and antinociception. Braz J Med Biol Res 34(4): 449-61.

Racine, R.J. (1972). Modyfikacja wrażliwości na drgawki przez stymulację elektryczną: II, napady ruchowe. Electroencephal. Clin. Phisyol. 32: 281 - 294

Rajendra, W., Armugam, A. & Jeyaseelan, K. (2004). Toxins in anti-nociception and anti-inflammation. Toxicon 44(1): 1-17.

Rash, L.D. & Hodgson, W.C. (2002). Pharmacology and biochemistry of spider venoms. Toxicon 40: 225-254.

Raza, M., Shaheen, F., Choudhary, M.I., Sombati, S., Rafiq, A., Suria, A., Rahman, A.U. & DeLorenzo, R.J. (2001). Anticonvulsant activities of ethanolic extract and aqueous fraction isolated from *Delphinium denudatum.* J Ethonopharmacol 78: 73-78.

Reddy, S.V. & Yaksh, T.L. (1980). Antinociceptive skutki lantanu neodymu i europ po podaniu śródszpikowym. Neuropharmacology 19(2): 181-5.

Resende, J.J., Santos, G.M.M., Filho, C.C.B. & Gimenes, M. (2001). Dobowa aktywność poszukiwania zasobów przez osę towarzyską *Polybia occidentalis occidentalis* (Olivier, 1791) (Hymenoptera, Vespidae). Rev Bras Zoociencias 3(1): 105-115.

Roerig, S.C. & Bowse, K.M. (1996). Omega-agatoxin IVA blocks spinal morphine/clonidine antinociceptive synergism. Eur J Pharmacol 314(3): 293-300.

Rogawski, M.A. & Donevan, S.D. (1999). AMPA receptors in epilepsy and as targets for antiepileptic drugs. Adv Neurol 79: 947-63.

Salazar, P. & Tapia, R. (2001). Seizures induced by intracerebral administrationof pyridoxal-5'-phosphate : effect of GABAergic drugs and glutamate receptor antagonists. Neuropharmacology 41: 546-553.

Scorza, F.A. & Cavalheiro, E.A.. (2004). Epilepsje: aspekty społeczne i psychologiczne. R Cult, R. IMAE 5(11): 48-53.

Shen, G.S., Layer, R.T. & McCabe, R.T. (2000). Conopeptides: From deadly venoms to novel therapeutics. Drug Discov Today 5: 98-106.

da Silva, G.R. & Rocha e Silva, M. (1971). Catatonia induced in the rabbit by intracerebral injection of bradykinin and morphine. Eur J Pharmacol 15: 180-186.

de Silva, M., MacArdle, B., McGowan, M., Huges, E., Stewart, J., Neville, B.G., Johnson, A.L. & Rynolds, E.H. (1996). Randomised comparative monotherapy trial of phenobarbitone, phenytoin, carbamazepine, or sodium valproate for newly diagnosed childhood epilepsy. Lancet 347: 709-13.

Sindrup, S.H. & Jensen, T.S. (1999). Efficacy of pharmacological treatments of neuropathic pain: an update and effect related to mechanism of drug action. Pain 83(3): 389-400.

Sorkin, L.S., Yaksh, T.L. & Doom, C.M. (1999). Mechanical allodynia in rats is blocked by a Ca2+ permeable AMPA receptor antagonist. Neuroreport 10(17): 3523-6.

Sorkin, L.S., Yaksh, T.L. & Doom, C.M. (2001). Pain models display differential sensitivity to Ca2+-permeable non-NMDA glutamate receptor antagonists. Anesthesiology 95(4): 965-73.

Spanjer, W., May, T.E., Piek, T. & De Hann, N. (1982). Partial purification of components from the paralysing venom of the digger wasp *Philanthus triangulum* and their action on neuromuscular transmission in the locust. Comp Biochem Physiol 71: 149-157.

Speller, J. M. & Westby, G. W. (1996). Biccuculline-induced circling from the rat superior colliculus in blocked by GABA microinjection into the deep cerebellar nuclei. Exp Brain Res 110: 425-434.

Sperk, G. (1994). Napady kwasu kainowego u szczura. Prog Neurobiol 42(1): 1-32.

Stanfa, L.C., Hampton, D.W. & Dickenson, A.H. (2000). Role of Ca2+-permeable non-NMDA glutamate receptors in spinal nociceptive transmission. Neuroreport 11(14): 3199-202.

Stefani, A., Spadoni, F. & Bernardi, G. (1997). Voltage-activated calcium channels: targets of antiepileptic drug therapy? Epilepsia 38(9): 959-65.

Stromgaard, K. (2005). Natural products as tools for studies of ligand-gated ion channels. Chem Rec 5(4): 229-39.

Stromgaard, K., Andersen, K., Krogsgaard-Larsen, P. & Jaroszewski, J.W. (2001) Recent advances in the medicinal chemistry of polyamine toxins. Mini Rev Med Chem 1(4): 317-38.

Stromgaard, K. & Mellor, I. (2004). AMPA receptor ligands: synthetic and pharmacological studies of polyamines and polyamine toxins. Med Res Rev 24(5): 589-620.

Stromgaard, K., Jensen, L.S. & Vogensen, S.B. (2005). Polyamine toxins: development of selective ligands for ionotropic receptors. Toxicon 45(3): 249-54.

Stucky, C.L., Gold, M.S. & Zhang, X. (2001). Mechanizmy bólu. Proc Natl Acad Sci 98(21): 11845-6.

Suzuki, R. & Dickenson, A.H. (2000). Ból neuropatyczny: nerwy pękające z podniecenia. Neuroreport 11(12): R17-21.

Suzuki, R., Matthews, E.A. & Dickenson, A.H. (2001). Comparison of the effects of MK-801, ketamine and memantine on responses of spinal dorsal horn neurones in a rat model of mononeuropathy. Pain 91(1-2): 101-9.

Takazawa, A., Yamazaki, O., Kanai, H., Ishida, N., Kato, N. & Yamauchi, T. (1996). Silne i długotrwałe działanie przeciwdrgawkowe 1-naftyloacetylo sperminy, analogu toksyny pająka Joro, przeciwko napadom amygdaloidalnym u szczurów. Brain Res 706(1): 173-6.

Theakston, R.D. & Kamiguti, A.S. (2002). A list of animal toxins and some other natural products with biological activity. Toxicon 40(5): 579-651.

Tunnicliff, G. (1996). Basis of the antiseizure action of phenytoin. Gen

Pharmacol 27(7): 1091-7.

Turski, L., Niemann, W. & Stephens, D.N. (1990). Differential effects of antiepileptic drugs and beta-carbolines on seizures induced by excitatory amino acids. Neuroscience 39(3): 799-807.

Twyman, R.E., Rogers, C.J. & Macdonald, R.L. (1989). Differential regulation of gamma-aminobutyric acid receptor channels by diazepam and phenobarbital. Ann Neurol 25(3): 213-20.

Uchitel, O.D. (1997). Toksyny oddziałujące na kanały wapniowe w neuronach. Toxicon 35: 1161-91.

Usherwood, P.N.R. & Blagbrough, I.S. (1991). Spider toxins affecting glutamate receptors: polyamines in therapeutic neurochemistry. Phamacol Ther 52: 245-268.

Velisek, L., Kubova, H., Veliskova, J., Mares, P. & Ortova, M. (1992). Action of antiepileptic drugs against kainic acid-induced seizures and automisms during ontogenesis in rats. Epilepsia 33(6): 987-93.

Verity, C.M., Hosking, G. & Easter, D.J. (1995). A multicentre comparative trial of sodium valproate and carbamazepine in paediatric epilepsy. Dev Med Child Neurol 37: 97-108.

Villetti, G., Bregola, G., Bassani, F., Bergamaschi, M., Rondelli, I., Pietra, C. & Simonato, M. (2001). Przedkliniczne badania nad CHF3381 jako nowym lekiem przeciwpadaczkowym. Neurofarmakologia 40: 866-878.

Villetti, G., Bergamaschi, M., Bassani, F., Bolzoni, P.T., Maiorino, M., Pietra, C., Rondelli, I., Chamiot-Clerc, P., Simonato, M., Barbieri, M. (2003). Antinociceptive activity of the N-methyl-D-aspartate receptor antagonist N-(2-Indanyl)-glycinamide hydrochloride (CHF3381) in experimental models of inflammatory and neuropathic pain. J Pharmacol Exp Ther 306(2): 804-14.

Waldmann, R., Champigny, G., Lingueglia, E., De Weille, J.R., Heurteaux, C., Lazdunski, M. (1999). Kanały kationowe bramkowane przez H(+). Ann N Y Acad Sci 868: 67-76.

Wang, C.Z. & Chin, C.W. (2004). Conus peptides - a rich pharmaceutical treasure. Acta Biochim Biophys 36(11): 713-23.

Wang, H., Konno, T., Amaya, F., Brenner, G.J., Ito, N., Allchorne, A., Ji, R.R. & Woolf, C.J. (2005). Bradykinin produces pain hypersensitivity by potentiating spinal cord glutamatergic synaptic transmission. J Neurosci 25(35): 7986-92.

Watanabe, M., Yasuhara, T. & Nakajima, T. (1976). Occurrence of thr-6-bradykinin and its analogous peptide in the venom of *Polistes rothmeyi iwatai*. Animal, plant and microbial toxins 2: 105-112.

Watkins, J.C. (2000). L-glutaminian jako centralny neuroprzekaźnik: spojrzenie wstecz. Biochem Soc Trans 28(4): 297-309.

White, H,S., McCabe, R.T., Armstrong, H., Donevan, S.D., Cruz, L.J., Abogadie, F.C., Torres, J., Rivier, J.E., Paarmann, I., Hollmann, M. & Olivera, B.M. (2000). In vitro and in vivo characterization of conantokin- R, a selective NMDA receptor antagonist isolated from the venom of the fish-hunting snail *Conus radiatus*. J Pharmacol Exp Ther 292(1): 425-32.

Yamashita, H., Ohno, K., Amada, Y., Hattori, H., Ozawa-Funatsu, Y., Toya, T., Inami, H., Shishikura, J., Sakamoto, S., Okada, M. & Yamaguchi, T. (2004a). Effects of 2-[N-(4-chlorophenyl)-N-methylamino]-4H-pyrido[3.2- e]-l,3-thiazin-4-one (YM928), an orally active alpha-amino-3-hydroxy-5- methyl-4-isoxazolepropionic acid receptor antagonist, in models of generalized epileptic seizure in mice and rats. J Pharmacol Exp Ther 308(1): 127-33.

Yamashita H, Ohno K, Amada Y, Inami H, Shishikura J, Sakamoto S, Okada M, Yamaguchi T. (2004b). Effect of YM928, a novel AMPA receptor antagonist, on seizures in mice and kainate-induced seizures in rats. Naunyn Schmiedebergs Arch Pharmacol 370(2): 99-105.

Yasuhara, T., Mantel, P., Nakajima, T. & Placek, T. (1987). Two kinins isolated from an extract of the venom *reservoirs of the* solitary wasp *Megascolia flavifrons*. Toxicon 25: 527-535.

Zimmermann, M. (1983). Wytyczne etyczne dla badań nad eksperymentalnym bólem u przytomnych zwierząt. Pain 16(2):109-10.

Printed by Books on Demand GmbH, Norderstedt / Germany